国家中等职业教育改革发展示范学校建设项目成果系列教材
国家级高技能人才培训基地建设项目成果

LED 封装师技能鉴定指导（中、高级工）

罗丽娜　温汉权　主编
何培森　吴传兴　戴惠根　副主编

科学出版社
北京

内 容 简 介

本书包含中级工和高级工两篇，其中中级工部分共五章内容，包括基本要求、封装前准备、封装设备操作要求、封装设备维护保养、理论和技能样题；高级工部分共九章内容，包括基本要求、封装前准备、封装设备调试要求、封装设备操作要求、封装设备故障处理与维护保养、设备故障分析、培训指导、组织与管理、理论和技能样题。

本书内容丰富，涉及面较广，可作为 LED 封装师中级工和高级工职业资格鉴定考核的培训教材，也可供中高职院校和相关培训机构使用。

图书在版编目(CIP)数据

LED 封装师技能鉴定指导（中、高级工）/罗丽娜，温汉权主编. —北京：科学出版社，2015

（国家中等职业教育改革发展示范学校建设项目成果系列教材 • 国家级高技能人才培训基地建设项目成果）

ISBN 978-7-03-043989-5

Ⅰ.① L… Ⅱ.①罗… ②温… Ⅲ.①发光二极管－封装工艺－中等专业学校－教材 Ⅳ.①TN383.059.4

中国版本图书馆 CIP 数据核字（2015）第 062601 号

策划编辑：吕建忠　王君博
责任编辑：范文环 / 责任校对：王万红
责任印制：吕春珉 / 封面设计：一克米

科 学 出 版 社 出版
北京东黄城根北街 16 号
邮政编码：100717
http://www.sciencep.com
新科印刷有限公司 印刷
科学出版社发行　各地新华书店经销
*
2015 年 3 月第 一 版　开本：787×1092　1/16
2021 年 1 月第三次印刷　印张：12 1/4
字数：255 000

定价：48.00 元

（如有印装质量问题，我社负责调换<新科>）
销售部电话 010-62142126　编辑部电话 010-62135763-2001

国家中等职业教育改革发展示范学校建设项目成果系列教材
国家级高技能人才培训基地建设项目成果

编　委　会

前　言

职业资格鉴定是全面贯彻落实科学发展观，大力实施人才强国战略的重要举措，关系广大劳动者的切身利益，对企业发展和社会经济进步及全面提高劳动者素质和职工队伍的创新能力具有重要作用，也是当前我国经济社会发展的迫切要求。

国家题库的建立，对保证职业资格鉴定工作的质量起着重要作用，是加快培养一批数量充足、结构合理、素质优良的技术技能型、复合技能型和知识技能型的高技能人才，为各行各业造就出千万能工巧匠的重要具体措施。

为了进一步满足培训单位和参加培训人员的需求，惠州市技师学院依据相关的国家职业标准和职业资格培训教材，组织电子工程系专业老师编写了本书作为 LED 封装的鉴定指导书。本书遵循“考什么，编什么”的原则编写，通过对内容的细化和完善，力求达到联系培训与考核，为培训教学提供训练素材，为应试者提供检验标准的目的。本书按照中级工、高级工两大部分设置了知识要点等内容，并在附录中提供了理论样题、技能样题及参考答案，以方便应试人员了解鉴定的形式、难度和要求。

本书内容的结构体系如下表所示。

本书内容结构安排

篇名	章节	相关知识
第一篇 中级工	第一章　中级工的基本要求	职业道德、基础知识
	第二章　中级工的封装前准备	封装结构、封装材料、封装工艺
	第三章　中级工的封装设备操作要求	设备点检、设备操作、异常处理
	第四章　封装设备维护保养	设备维护保养及相关工具使用、设备安全用电与管理知识
第二篇 高级工	第五章　高级工的基本要求	职业道德、基础知识
	第六章　高级工的封装前准备	封装结构、封装材料、封装工艺
	第七章　封装设备调试要求	设备调试、设备校正
	第八章　高级工的封装设备操作要求	设备操作、异常处理
	第九章　封装设备故障处理与维护保养	故障处理、设备维护保养
	第十章　设备故障分析	设备基础知识、设备故障分析方法
	第十一章　培训指导	培训要求及重点、培训内容及准备
	第十二章　组织与管理	生产管理、质量管理

本书是指导型的教材，以鉴定考核内容为主。本书由罗丽娜、温汉权担任主编，何培森、吴传兴、戴惠根任副主编，刘娟、夏威、曾世芳、辛旺、刘冬梅、张勤善、赵丽芝、郝国勇、谢浪清、禹隆锋等电子专业教师参与编写。其中何培森负责统筹规划，罗丽娜和温汉权负责封装前准备的内容以及整本书的统编工作，吴传兴、刘娟、戴惠根和夏威负责封装设备操作、保养和故障分析等部分，曾世芳、辛旺、刘冬梅、张勤善、赵

丽芝、郝国勇、谢浪清等负责基本要求的内容。感谢惠州市技师学院（惠州市高级技工学校）领导和老师的大力支持。雷士照明股份有限公司的洪晓松工程师在本书编写过程中给予了大力支持，在此一并表示感谢。

由于作者水平有限，且全书撰写任务极其繁重，书中疏漏之处在所难免，真诚欢迎读者多提宝贵意见，以期不断改进。

编　者

2015 年 1 月

目　　录

第一篇　中　级　工

第一篇

中　级　工

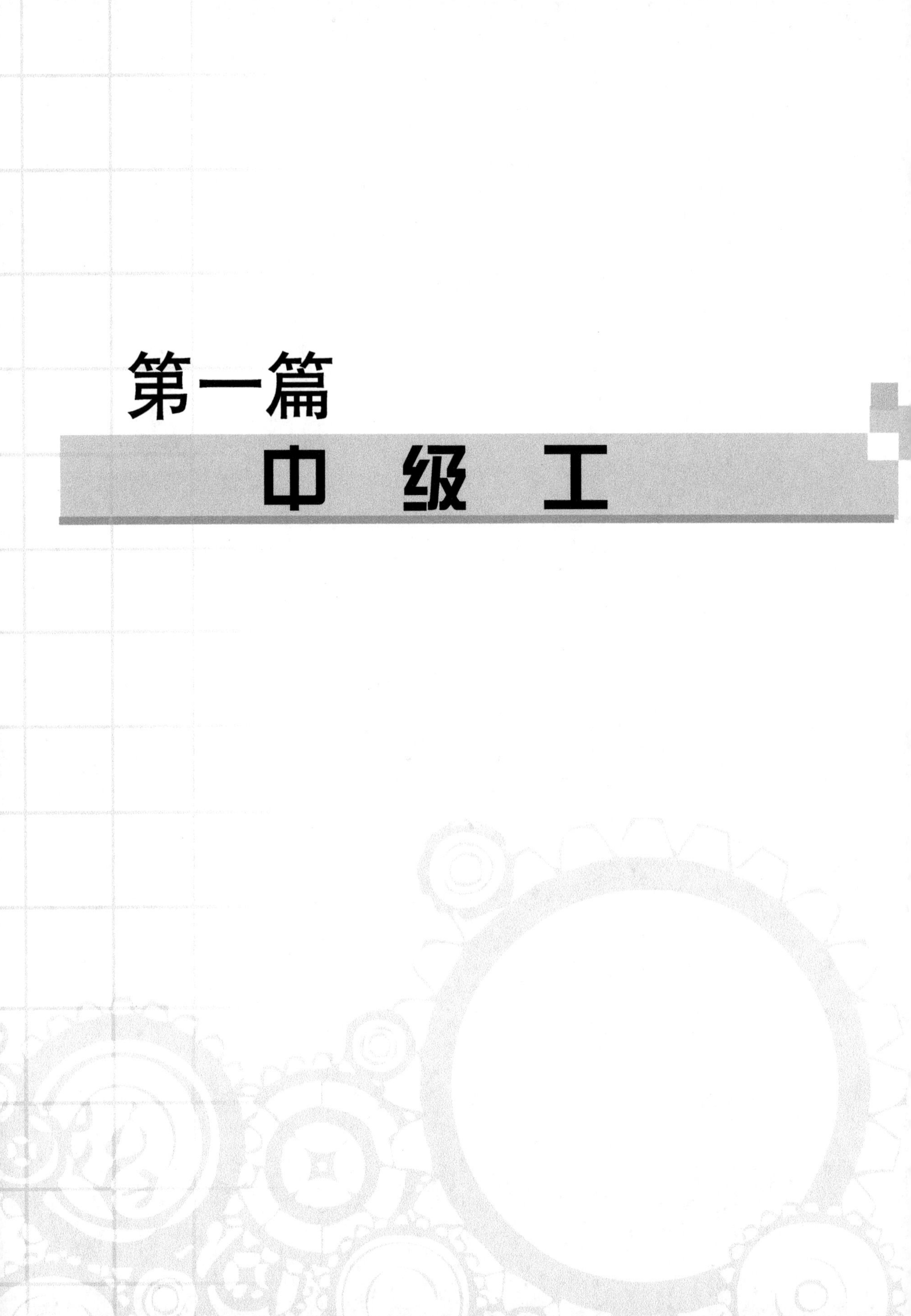

第一章　中级工的基本要求

第一节　职 业 道 德

一、职业道德基础

道德品质是一个综合范畴，由道德认识、道德情感、道德意志、道德信念、道德行为五个要素组成。职业道德基本规范包括爱岗敬业、诚实守信、办事公道、服务群众。

职业素养的形成过程受家庭因素、学校教育、社会熏陶三大因素的影响。职业素养包括内在素养和外在素养。其中，外在素养包括职场礼仪、沟通谈吐、社会公德、工作态度、工作能力等素养。

二、法律基础

自然人、法人或其他组织所享有的民事权利主要包括物权、债权、知识产权和人身权。合同担保的形式主要有保证、抵押、质押、留置和定金五种。

劳动者享有的权利包括平等就业和选择职业、接受职业技能培训、社会保险和福利、提请劳动争议处理、获得劳动报酬。劳动者应尽的义务包括完成劳动任务、提高职业技能、执行劳动安全卫生规程、遵守劳动纪律和职业道德。其中，完成劳动任务是劳动者的首要义务。劳动者应该在劳动中不断学习，取得相应的职业技能等级证书。

未成年工就业的要求：未成年工就业年龄要年满 16 周岁；未成年工工作禁止加班加点；未成年工不可在酒吧等娱乐场所工作；未成年工不可从事矿山的井下工作；禁止未成年工从事有毒有害的工作；禁止安排未成年工从事国家规定的第四级体力劳动强度的劳动。

在下列情况下，用人单位可立即解除劳动合同：在试用期间被证明不符合录用条件的；严重违反用人单位规章制度的；严重失职，给用人单位造成重大损失的；劳动者同时与其他用人单位建立劳动关系的；劳动者徇私舞弊，给用人单位造成重大损失的；以欺诈、胁迫手段使对方在违背真实意愿的情况下订立劳动合同的。

第二节　基 础 知 识

一、电子电工基础

电子电工基础知识主要包括电工基础及测量、模拟电路、数字电路、LED 原理和传感器技术等方面的知识和技术。

（一）电工基础及测量知识

电工基础及测量知识主要包括欧姆定律、基尔霍夫定律、正弦交流电三要素和万用表使用等知识和技术。

1. 欧姆定律

欧姆定律是德国物理学家欧姆提出的，是电路理论中最基本、最重要的定律。它概括了电路中电流、电压和电阻三者间关系，包括部分电路欧姆定律和全电路欧姆定律。

（1）部分电路欧姆定律

部分电路欧姆定律的内容是导体中的电流，与导体两端的电压成正比，与导体的电阻成反比。公式为$I=U/R$，其中，I、U、R分别是属于同一部分电路中同一时刻的电流强度、电压和电阻。

注意：在欧姆定律公式中，电阻的单位必须用欧姆，电压的单位必须用伏特，这样计算出电流的单位才是安培。如果题目给出的物理量不是规定的单位，必须先进行换算。

（2）全电路欧姆定律

全电路欧姆定律的公式为$I=E/(R+r)$，其中，I指电流，单位为安培（A）；E指电动势，单位为伏特（V）；R指外电路电阻，单位为欧姆（Ω）；r指内电阻，单位为欧姆（Ω）。

（3）适用范围

欧姆定律适用于纯电阻电路、金属导电和电解液导电，但不适用于气体和半导体元件导电等。

2. 基尔霍夫定律

基尔霍夫定律是德国物理学家基尔霍夫提出的，是电路理论中最基本也是最重要的定律之一。它概括了电路中电流和电压分别遵循的基本规律。它包括基尔霍夫电流定律（KCL）和基尔霍夫电压定律（KVL）。

（1）基尔霍夫电流定律

在集总电路中，任一时刻，流入任一节点（或闭合面）的电流代数和恒等于零。简单地说即流入节点和流出节点的电流相等。

注意：流入节点（或闭合面）的电流是相对于电流参考方向而言的，如果是流入节点（或闭合面），则该电流取“+”；相反，电流取“−”。即对于任一节点（或闭合面），$\sum i=0$或$\sum i_{入}=\sum i_{出}$。其本质是电流的连续性。

（2）基尔霍夫电压定律

在任何一个闭合回路中，各段电阻上的电压降的代数和等于电动势的代数和，即从一点出发绕回路一周回到该点时，各段电压的代数和恒等于零。在任何一个闭合回路中，$\sum IR=\sum E$ 或$\sum U=0$。其本质是能量守恒定律。

（3）适用范围

基尔霍夫定律既可以用于直流电路的分析，也可以用于交流电路的分析，还可以用于含有电子元件的非线性电路的分析。运用基尔霍夫定律进行电路分析时，仅与电路的连接方式有关，而与构成该电路的元器件具有什么样的性质无关。

3. 正弦交流电三要素

有效值（或最大值）、频率（或周期或角频率）、初相位是表征正弦交流电的三个重要物理量。利用它们可以写出正弦交流电瞬时值的表达式，从而知道正弦交流电的变化规律，故把它们称为正弦交流电的三要素。下面简要介绍最大值和有效值，周期、频率和角频率，初相位、相位和相位差。

（1）最大值和有效值

最大值是指交流电在一个周期内所能达到的最大数值，用 I_m、U_m、E_m 表示。让交流电和直流电通过同样阻值的电阻，若它们在同一时间内产生的热量相等，就把这一直流电的数值称为这一交流电的有效值。正弦交流电有效值和最大值之间的关系为 $E=0.707E_m$，$U=0.707U_m$，$I=0.707\,I_m$。

用 E、U、I 分别表示交流电电动势、电压、电流的有效值。各种使用交流电的电气设备上所标的额定电压、额定电流的数值及一般交流电流表、交流电压表测量的数值，都是有效值。本书提到交流电的数值，凡没特别说明的都是指有效值。

（2）交流电变化快慢的物理量——周期、频率、角频率

周期是交流电完成一次周期性变化所需的时间，用 T 表示，单位为 s。频率是交流电在 1s 内完成周期性变化的次数，用 f 表示，单位为 Hz。角频率是交流电每秒钟所变化的角度，用 ω 表示，单位为 rad/s。周期、频率、角频率的关系为 $T=1/f$，$\omega=2\pi f$。

（3）初相位、相位和相位差

相位是反映交流电任意时刻状态的物理量，用ωt 表示。$t=0$ 时的相位，称为初相位，可用来比较交流电的变化步调。相位差是两个同频率交流电的相位之差，用ϕ 表示。

4. 使用万用表的注意事项

万用表是比较精密的仪器，如果使用不当，不仅造成测量不准确且极易损坏。但是，只要掌握万用表的使用方法和注意事项，谨慎操作，就能使万用表经久耐用。

使用万用表时应注意如下事项。

1）测量电流与电压时不能旋错挡位。如果误用电阻挡或电流挡去测电压，就极易烧坏电表。万用表不用时，最好将挡位旋至交流电压最高挡，避免因使用不当而损坏。

2）测量直流电压和直流电流时，注意“＋”、“－”极性，不要接错。如果发现指针反转，应立即调换表棒，以免损坏指针及表头。

3）如果不知道被测电压或电流的大小，应先用最高挡，而后选用合适的挡位来测试，以免表针偏转过度而损坏表头。所选用的挡位越靠近被测值，测量的数值就越准确。

4）测量电阻时，不要用手触及元件裸体的两端（或两支表棒的金属部分），以免人体电阻与被测电阻并联，使测量结果不准确。

5）测量电阻时，如果将两支表棒短接，调“零欧姆”旋钮至最大，指针仍然达不到零点，这种现象通常是由于表内电池电压不足造成的，应换上新电池。

6）万用表不用时，不要旋在电阻挡，因为内有电池，如果不小心易使两根表棒相碰短路，不仅耗费电池，严重时甚至会损坏表头。

（二）模拟电路基础知识

随着现代科学技术的迅猛发展，特别是微电子技术和计算机技术的迅猛发展，模拟电路已成为许多专业开设的一门技术基础课程。随着半导体技术的发展，模拟电路所涵盖的内容越来越多，基础知识也越来越丰富。模拟电路基础知识主要包括晶体管放大条件、理想集成运算放大器（简称运放）运放的两个重要特性、负反馈对放大器性能的影响和正弦波振荡器基本知识和技术。

1. 晶体管放大条件

晶体管具有电流放大作用，其放大条件既有内因，也有外因。要使晶体管具有电流放大作用，除了晶体管的内因外，还要有外部条件，即晶体管的发射极加正向偏置，集电极加反向偏置。

1）晶体管 PN 结构特点是晶体管具有电流放大作用的内因。为了便于发射极发射电子，发射区半导体的掺杂浓度远高于基区半导体的掺杂浓度，且发射极的面积较小。发射区和集电区虽为同一性质的掺杂半导体，但发射区的掺杂浓度要高于集电区的掺杂浓度，且集电极的面积要比发射极的面积大，便于收集电子。联系发射极和集电极两个 PN 结的基区非常薄，且掺杂浓度也很低。

2）晶体管电流放大作用的外部条件：晶体管的发射极为正向偏置，集电极为反向偏置是晶体管具有电流放大作用的外部条件。所以对于 NPN 晶体管而言，必须满足 $V_C>V_B>V_E$；对于 PNP 晶体管而言，必须满足 $V_C<V_B<V_E$。

2. 理想集成运放的两个重要特性

理想集成运放就是集成运放特性理想化，即理想运放的 $R_{id}=\infty$、$R_{od}=0$、$A_{ud}=\infty$ 等。理想集成运放有两个重要特性：虚短和虚断。

（1）虚短

虚短即集成运放两输入端的电位相等，即 $u^+=u^-$。u^+、u^- 分别为集成运放同相端和反相端的电位。集成运放的两个输入端好像短路，但并不是真正的短路，所以称为虚短。只有集成运放工作于线性状态时，才存在虚短。

（2）虚断

虚断即集成运放两个输入端的输入电流为零，即 $i^{+}=i^{-}$。由于集成运放的输入电阻为无穷大，因此流入两个输入端的电流为零，即 $i^{+}=i^{-}=0$。式中，i^{+}，i^{-} 分别为集成运放同相端和反相端的输入电流。集成运放的两个输入端好像断路，但并不是真正的断路，所以称为虚断。

3. 负反馈对放大器性能的影响

负反馈在电子电路中有着非常广泛的应用，虽然它使放大器的放大倍数降低但在很多方面可以改善放大器的动态指标，如稳定放大倍数，改变输入、输出电阻，减小非线性失真和扩展通频等。因此几乎所有的实用放大器都有负反馈。负反馈的影响有提高了放大器的稳定性，改变了输入、输出电阻，减少了放大器的非线性失真，扩展了放大器的通频带。

4. 正弦波振荡器基本知识

正弦波振荡器是指不需要输入信号控制就能自动地将直流电转换为特定频率和振幅的正弦交变电压（电流）的电路。

（1）组成

正弦波振荡器由放大电路、选频网络、反馈网络和稳幅电路四部分组成。

（2）振荡条件

正弦波振荡器的振荡条件是同时满足相位平衡条件和振幅平衡条件。

1）相位平衡条件。反馈信号相位与输入信号相位相同，即正反馈，相位差是 360°的偶数倍，即 $\phi=2n\pi$，其中，ϕ为反馈信号 V_{f}与输入信号 V_{i}的相位差，n 是整数。

2）振幅平衡条件。反馈信号幅度与输入信号幅度相等，即 $A_{F}=1$。

（3）应用

正弦波振荡器广泛用于各种电子设备中。此类应用中，对振荡器提出的要求是振荡频率和振荡振幅的准确性和稳定性。正弦波振荡器的另一类用途是作为高频加热设备和医用电疗仪器中的正弦交变能源。这类应用中，对振荡器提出的要求主要是高效率地产生足够大的正弦交变功率，而对振荡频率的准确性和稳定性的要求一般不做要求。

（三）数字电路基础知识

随着现代科学技术和数字技术的迅猛发展，数字电路已成为许多专业开设的一门技术基础课程。数字电路基础知识主要包括基本逻辑运算、基本逻辑门电路的功能和主从 JK 触发器逻辑功能等知识和内容。

1. 基本逻辑运算

逻辑运算又称布尔运算，布尔用数学方法研究逻辑问题，成功地建立了逻辑演算。

他用等式表示判断，把推理看做等逻辑运算式的变换。这种变换的有效性不依赖人们对符号的解释，只依赖于符号的组合规律。这一逻辑理论通常称为布尔代数。20 世纪 30 年代，布尔代数在电路系统上获得应用，随后，由于电子技术与计算机的发展，出现各种复杂的大系统，它们的变换规律也遵守布尔所揭示的规律。逻辑运算（Logical Operators）通常用来测试真假值。逻辑运算主要包括三种基本运算：逻辑加法（又称“或”运算）、逻辑乘法（又称“与”运算）和逻辑否定（又称“非”运算）。

（1）逻辑加法

逻辑加法通常用符号“＋”或“∨”来表示。逻辑加法运算规则如下：$0+0=0$，$0\vee 0=0$，$0+1=1$，$0\vee 1=1$，$1+0=1$，$1\vee 0=1$，$1+1=1$，$1\vee 1=1$。

从式看可见，逻辑加法有“或”的意义。也就是说，在给定的逻辑变量中，只要有一个为 1，其逻辑加的结果为 1，两者都为 1 则逻辑加的结果为 1。

（2）逻辑乘法（“与”运算）

逻辑乘法通常用符号“×”或“∧”或“·”来表示。逻辑乘法运算规则如下：$0\times 0=0$，$0\wedge 0=0$，$0\cdot 0=0$，$0\times 1=0$，$0\wedge 1=0$，$0\cdot 1=0$，$1\times 0=0$，$1\wedge 0=0$，$1\cdot 0=0$，$1\times 1=1$，$1\wedge 1=1$，$1\cdot 1=1$。

不难看出，逻辑乘法有“与”的意义。它表示只当参与运算的逻辑变量都同时取值为 1 时，其逻辑乘积才等于 1。

（3）逻辑否定

逻辑非运算又称逻辑否运算。其运算规则如下：$\neg 0=1$（非 0 等于 1），$\neg 1=0$（非 1 等于 0）。

2. 基本逻辑门电路的功能

门电路是这样的一种电路，它规定各个输入信号之间满足某种逻辑关系时，才有信号输出，通常有与门、或门、非门（反相器）三种门电路。从逻辑关系看，门电路的输入端或输出端只有两种状态，无信号用“0”表示，有信号用“1”表示，称为正逻辑。也可以这样规定，低电平为“0”，高电平为“1”，称为负逻辑。

（1）与门

与门的逻辑关系式是 $F=AB$。实现的逻辑功能为输入全 1 时输出为 1，否则为 0，即见 0 出 0，全 1 出 1。

（2）或门

或门的逻辑关系式是 $F=A+B$。实现的逻辑功能是输入全 0 时输出为 0 否则为 1，即见 1 出 1，全 0 出 0。

（3）非门

非门的逻辑关系式是 $F=\overline{A}$。实现的逻辑功能是输入为 0 输出为 1，输入为 1 输出为 0，即见 0 出 1，全 1 出 0。

3. 主从 JK 触发器逻辑功能

主从 JK 触发器是数字电路触发器中的一种电路单元。在 CP 下降沿到来时，主从 JK 触发器具有置 0、置 1、保持和翻转功能，在各类集成触发器中，主从 JK 触发器的功能最为齐全。在实际应用中，它不仅有很强的通用性，而且能灵活地转换其他类型的触发器。由 JK 触发器可以构成 D 触发器和 T 触发器。

主从 JK 触发器逻辑功能（CP 下降沿有效）如下：

$J=0$，$K=1$ 时，置 0 功能，即 $Q^{n+1}=0$。

$J=1$，$K=0$ 时，置 1 功能，即 $Q^{n+1}=1$。

$J=K=0$ 时，保持功能，即 $Q^{n+1}=Q^n$。

$J=K=1$ 时，翻转功能，即 $Q^{n+1}=\overline{Q^n}$。

（四）LED 基础知识

发光二极管，简称 LED，是一种能够将电能转化为可见光的固态半导体器件，可以直接将电能转化为光能。LED 的“心脏”是一个半导体晶片，晶片的一端附在一个支架上是负极，另一端连接电源的正极使整个晶片被环氧树脂封装起来。半导体晶片由两部分组成，一部分是 P 型半导体，其内空穴占主导地位；另一端是 N 型半导体，其内主要是电子。当这两种半导体连接起来时，它们之间就形成一个“PN 结”。当电流通过导线作用于这个晶片的时候，电子就会被推向 P 区，在 P 区里电子跟空穴复合后就会以光子的形式发出能量，这就是 LED 发光的原理。

LED 行业相关术语很多，主要有光通量、发光强度、亮度、色温、光效和波长等。只有了解 LED 行业相关术语，才能进一步掌握 LED 相关原理和技术。

（1）光通量

光源每秒钟发出可见光量的总和，单位为流明（lm）。例如，一个 100W 的灯泡可产生 1500lm 的光通量，一支 40W 的日光灯可产生 3500lm 的光通量。

（2）发光强度

发光强度指光源在单位立体角内发出的光通量，即光源所发出的光通量在空间选定方向上分布的密度。光强的单位是坎特拉（cd），也称烛光。例如，1 单位立体角度内发出 1lm 的光称为 1cd。

（3）亮度

发光二极管是一种发光器件，亮度指单位面积的照度，单位为 cd/m^2，发光二极管的标准驱动电流为 20mA。

（4）色温

色温以绝对温度（K）来表示，即将一黑体加热，温度升到一定程度时，颜色的变化为深红、浅红、橙红、黄、黄白、白、蓝白、蓝。当某光源与黑体的颜色相同时，我们将黑体当时的绝对温度称为该光源的色温。例如，当黑体加热呈现深红时温度约为 550℃，即色温为 823K。

（5）发光效率

发光效率为光源发出的光通量除以光源所消耗的功率，单位为 lm/W。它是衡量光源性能的重要指标。

（6）波长

发光二极管所发出光的波长，一般红色波长为 620～660nm，纯绿为 520～530nm，蓝色为 470～480nm，黄色为 580～890nm，黄绿为 550～570nm，不同波长发出光的颜色不同，两种颜色的混合光也不同。

（五）传感器基础知识

传感器是指能感受规定的被测量，并按照一定的规律转换成可用输出信号的器件或装置。传感器作为信息获取的重要手段，与通信技术和计算机技术共同构成信息技术的三大支柱。

1. 传感器的基本工作原理

传感器（Transducer/Sensor）是一种检测装置，能感受到被测量的信息，并能将感受到的信息，按一定规律变换成为电信号或其他所需形式的信息输出，以满足信息的传输、处理、存储、显示、记录和控制等要求。它是实现自动检测和自动控制的首要环节。

人们为了从外界获取信息，必须借助于感觉器官。而单靠感觉器官，在研究自然现象和规律及生产活动中并不能准确获取人们所需的信息。为适应这种情况，而设计的传感器。可以说，传感器是人类五官的延长，因此又称电五官。

随着新技术革命的到来，世界开始进入信息时代。在利用信息的过程中，首先要解决的就是如何获取准确可靠的信息，而传感器是获取自然和生产领域中信息的主要途径与手段。

在现代工业生产尤其是自动化生产过程中，要用各种传感器来监视和控制生产过程中的各个参数，使设备在正常状态或最佳状态下工作，并使产品达到最好的质量。因此可以说，没有众多的优良的传感器，现代化生产也就失去了基础。

传感器实质是一种将非电量（如温度、压力、液位、湿度等）转换为电量的检测装置。

2. 传感器的应用

在基础学科研究中，传感器更具有突出的地位。随着现代科学技术的发展，人们进入了许多新领域，如在宏观上要观察上千光年的茫茫宇宙，微观上要观察粒子世界；纵向上要观察长达数十万年的天体演化。此外，还出现了对深化物质认识，开拓新能源、新材料等具有重要作用的各种极端技术研究，如超高温、超低温、超高压、超高真空、超强磁场、超弱磁场等。显然，要获取大量人类感官无法直接获取的信息，没有相适应

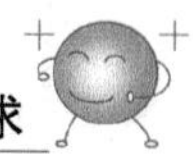

的传感器是不可能的。许多基础科学研究的障碍，首先是对象信息的获取存在困难，而一些新机理和高灵敏度的检测传感器的出现，往往会促进该领域内的发展。传感器的发展，往往是一些边缘学科开发的先驱。

传感器早已渗透到如工业生产、宇宙开发、海洋探测、环境保护、资源调查、医学诊断、生物工程、文物保护等极其之泛的领域。可以毫不夸张地说，从茫茫的太空到浩瀚的海洋，以至各种复杂的工程系统，几乎每一个现代化项目，都离不开各种各样的传感器。由此可见，传感器技术在发展经济，推动社会进步方面的重要作用。

二、专业基础

（一）半导体照明基础知识

LED 是一种新型半导体固态光源，具有环保、节能、安全、使用寿命长等一系列优点，是 21 世纪新型绿色照明光源。

1. LED 参数

LED 既是一种光源，又是一种功率型半导体器件。LED 是利用化合物材料制成 PN 结的光电器件，具备 PN 结结型器件的电学特性和光学特性。

（1）LED 电特性参数

LED 电特性参数包括正向工作电流、正向工作电压、反向电流和反向电压，其必须在合适的电流电压驱动下才能正常工作。通过 LED 电特性的测试可以获得 LED 的最大允许正向电压、电流及反向电压、电流，此外也可以测定 LED 的最佳工作电功率。*I-V* 特性如图 1-1 所示。

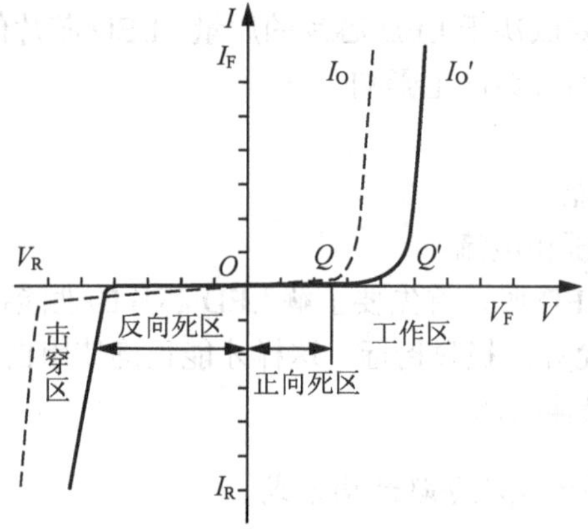

图 1-1　*I-V* 特性

1）正向工作电流：发光二极管正常发光时的正向电流值。

2）正向工作电压：通过发光二极管的正向电流为正向工作电流时，在两极间产生的电压降。其电压与颜色有关，红、黄、黄绿的电压是 1～2.4V，白、蓝、翠绿的电压是 2.0～3.6V。

3）反向电压：被测发光二极管器件通过的反向电流为确定值时，在两极间所产生的电压降。

4）反向电流：加在发光二极管两端的反向电压为确定值时，流过发光二极管的电流。

（2）LED 光学特性参数

发光二极管有红外（非可见）与可见光两个系列，前者可用辐射度来度量其光学特性，后者可用光度学来度量其光学特性。

1）发光强度。发光强度是表征发光器件发光强弱的重要性能，可以表明发光体在空间发射的会聚能力。可以说，发光强度是描述光源到底有多“亮”的，它是光功率与会聚能力的一个共同描述。发光强度越大，光源看起来就越亮，同时在相同条件下被该光源照射后的物体也就越亮。

2）光通量。光通量 F 表征 LED 总光输出的辐射能量，标示器件的性能优劣。它与工作电流直接有关，随着电流增加，LED 的光通量随之增大。光通量与芯片材料、封装工艺水平及外加恒流源大小有关。

3）发光效率。发光效率代表光源将所消耗的电能转换成光的效率，发光效率表征了光源的节能特性。

4）LED 发光角度。LED 发光角度是指其光线散射角度，主要靠生产时加散射剂来控制。

2. 影响白光 LED 寿命的主要因素

白光 LED 的寿命主要取决于 LED 芯片的质量、LED 芯片的设计和芯片的材料，下列因素都会对白光 LED 的寿命产生影响。

1）芯片的导热性。

2）芯片的抗静电性能。

3）芯片的抗浪涌电压和电流。

因此，在制作白光 LED 时，首先要了解 LED 芯片的性能指标，同时还要了解白光 LED 使用的环境条件和允许的极限指标。这样才能正确使用白光 LED，使白光 LED 的使用时间和可靠性达到最佳状态。

3. 常见 LED 的驱动方式及电路结构方式

白光 LED 照明方式以高效、低功耗、节能环保等特性，已经获得广泛认可。从本质上来说，LED 就是可发光的二极管，其发光强度与通过的正向电流成正比，且存在导通电压，当电流大小为 20 mA 时，正向压降一般为 3～3.5V。有时单个 LED 的发光强度并不能满足实际应用的需求，还必须将多个 LED 串联或并联使用，这就需要大的电压或电流来驱动，而不同的制作工艺，甚至不同批次，LED 都存在着性能不匹配的问题，这就要求根据不同的需要采取升压或降压，以及恒流或稳压的驱动方式进行驱动。

（1）驱动方式的分类

1）恒流式：恒流驱动电路输出的电流是恒定的，而输出的直流电压随着负载阻值的大小不同在一定范围内变化，负载阻值小，输出电压就低，负载阻值越大，输出电压也就越高。恒流电路不禁止负载短路，但严禁负载完全开路。恒流驱动电路驱动 LED 是较为理想的，但相对而言价格较高，应注意所使用最大承受电流及电压值限制了 LED 的使用数量。

2）稳压式：当稳压电路中的各项参数确定以后，输出的电压是固定的，而输出的电流随着负载的增减而变化。稳压电路不禁止负载开路，但严禁负载完全短路。以稳压驱动电路驱动 LED，需要加上合适的电阻方可使每串 LED 显示亮度平均。其亮度会受整流而来的电压变化的影响。

（2）电路结构方式的分类

1）电阻、电容降压方式：通过电容降压。在闪动使用时，由于充放电的作用，通过 LED 的瞬间电流极大，容易损坏芯片。此方式易受电网电压波动的影响，电源效率低、可靠性差。

2）电阻降压方式：通过电阻降压，受电网电压变化的干扰较大，不容易做成稳压电源，降压电阻要消耗很大部分的能量，所以这种供电方式电源效率很低，而且系统的可靠性也较低。

3）常规变压器降压方式：电源体积小，质量偏重，电源效率也很低一般只有 45%～60%，所以一般很少用，可靠性不高。

4）电子变压器降压方式：电源效率较低，电压范围一般为 180～240V，波纹干扰大。

5）RCC 降压方式：稳压范围较宽，电源效率较高，一般可以为 70%～80%，应用也较广。由于这种控制方式的振荡频率是不连续的，开关频率不容易控制，负载电压波纹系数也比较大，异常负载适应性差。

6）PWM 控制方式：主要由四部分组成，即输入整流滤波部分、输出整流滤波部分、PWM 稳压控制部分、开关能量转换部分。PWM 开关稳压的基本工作原理是在输入电压、内部参数及外接负载变化的情况下，控制电路通过被控制信号与基准信号的差值进行闭环反馈，调节主电路开关器件导通的脉冲宽度，使得开关电源的输出电压或电流稳定（即相应稳压电源或恒流电源）。电源效率极高，一般为 80%～90%，输出电压、电流稳定。一般这种电路都有完善的保护措施，属高可靠性电源。

（二）半导体基础知识

半导体器件是构成电子电路的基本元器件。半导体晶体管是电子线路中最常用的半导体器件之一，它在电路中主要起放大和电子开关作用。

1. 晶体管放大的外部条件

晶体管要实现放大作用，必须满足一定的外部条件：发射极加正向电压，集电极加反向电压。图 1-2 为晶体管的工作电压。

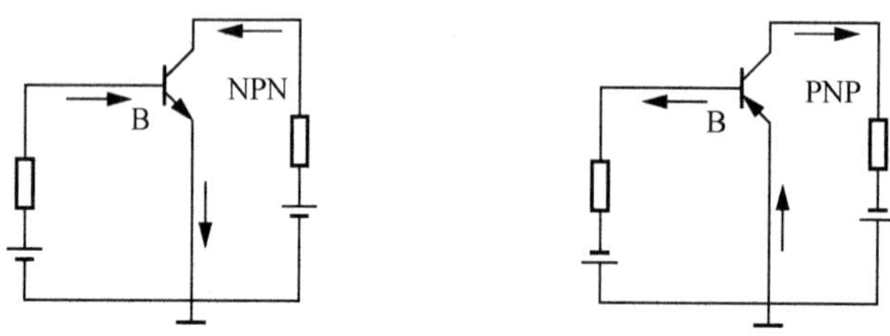

图 1-2 晶体管的工作电压

从电位的角度看，对于 NPN 型晶体管，$V_C > V_B > V_E$；对于 PNP 型晶体管，$V_C < V_B < V_E$。

2. 反馈

采用负反馈虽然使放大器的电压放大倍数下降，但可从许多方面大大改善放大器的性能。

（1）反馈的定义

反馈可描述为将放大电路的输出量（电压或电流）的一部分或全部，通过一定的方式送回放大电路的输入端。有时将引入反馈的放大电路称为闭环放大器，将没有引入的称为开环放大器。反馈可分为负反馈和正反馈。反馈输入信号能使原来的输入信号减小即为负反馈，反之则为正反馈。

图 1-3 为反馈放大器框图，反馈放大电路的放大系数（又称开环增益）为

$$A_f = \frac{X_o}{X_i} = \frac{A}{1+AF}$$

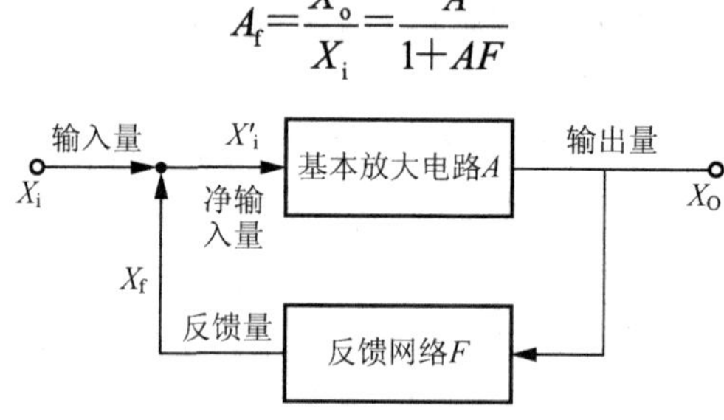

图 1-3 反馈放大器框图

（2）负反馈对放大器性能的影响

1）负反馈提高了放大器的稳定性。

2）负反馈改变了放大器的输入、输出电阻。串联负反馈使输入电阻增大，并联负反馈使输入电阻减小；电压负反馈使输出电阻减小，电流负反馈使输出电阻增大。

3）负反馈减少了放大器的非线性失真。

4）负反馈扩展了放大器的通频带。

3. 正弦波振荡器基本知识

正弦波振荡电路是用来产生一定频率和幅度的正弦交流信号的电子电路。它的频率范围可以从几赫兹到几百兆赫兹，输出功率可能从几毫瓦到几十千瓦，广泛用于各种电子电路中。

正弦波振荡器是指不需要输入信号控制就能自动地将直流电转换为特定频率和振幅的正弦交变电压（电流）的电路。

（1）电路振荡的物理原因

电路振荡的物理原因本质上与负反馈放大器的振荡相同。若反馈信号与放大器净输入信号同相等幅，净输入信号靠反馈信号得以维持，则即使外加输入信号为零，输出也不会消失。

（2）振荡的条件

振荡的条件为$\dot{V}_f=\dot{V}_i$，即相位条件为同相，幅值条件为等幅。

用开环频率特性表示的振荡条件为

$$\text{幅度平衡条件：}\left|\dot{A}\dot{F}\right|=1；$$

$$\text{相位平衡条件：}\varphi_{AF}=\varphi_A+\varphi_F=\pm 2n\pi。$$

（3）正弦波振荡电路的组成

正弦波振荡电路由放大电路、正反馈网络、选频网络、稳幅电路四部分组分。其中放大电路保证电路能够在起振到动态平衡的过程中，使电路获得一定幅值的输出量；放大电路和正反馈网络共同满足振荡的条件；选频网络实现单一频率振荡，选频网络往往由 R、C 和 L、C 等电抗性元器件组成；反馈网络与选频网络可以是两个独立的网络，也可以合二为一。稳幅电路使输出信号幅值稳定，一般采用非线性环节限幅。

（三）光学基础知识

我们生活在光的世界里，随着现代科技的发展，人们逐渐认识了光的本性。

1. 光的折射率

光从一种介质斜射入另一介质时，传播方向发生改变的现象，称为光的折射。

1）相对折射率。光从介质 1 射入介质 2 发生折射时，入射角θ_1与折射角θ_2的正弦之比 n_{21} 称为介质 2 相对介质 1 的折射率，即相对折射率。

相对折射率公式：$n_{21}=\sin\theta_1/\sin\theta_2=n_2/n_1=v_1/v_2$.

2）绝对折射率。物理学把光从真空（空气）射入某种介质发生折射时，入射角 i 的正弦与折射角 r 的正弦比值 n，称为这种介质的折射率，也称绝对折射率。

折射光线、入射光线和分界面的法线在同一平面上，折射光线和入射光线分居法线两侧。

光从空气折射入水中时，折射角小于入射角。光的折射如图 1-4 所示。

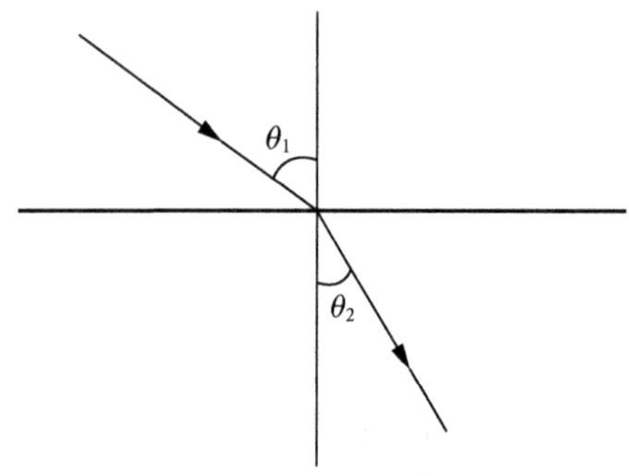

图 1-4　光的折射

2. 介质的折射率

介质的折射率与光速的关系为某种介质的折射率 n，等于光在真空中的速度 c 跟光在这种介质中的速度 v 之比，即 $v=c/n$。

1）光在真空中传播时，波长（λ）×频率（f）=光速（c）。

2）光在其他介质中传播时，波长（λ）×频率（f）=速度（v）。

综上所述，光在同一介质中传播时，λ越大，f越小。

（四）电子计算机辅助设计知识

电子信息技术的飞速发展依托于微电子技术的发展，手工设计电子产品的印制电路板（PCB）已不能适应电子技术发展的需要。例如，随着手机的发展，手机中的 PCB 设计越来越复杂、精密，其设计和工艺水平直接影响手机的发展。因此，我们必须借助计算机来完成 PCB 的设计工作，这就为计算机辅助设计（CAD）软件的发展提供了空间。

1. 原理图的一般设计流程

原理图设计的主要任务是将电路中各元器件的电气连接关系表达清楚，以便于电路功能和信号流程分析，与实际元器件的大小、引脚粗细无关。一张好的原理图，不仅要求引脚连线正确，没有错连、漏连，还要求美观清晰，信号流向清楚，标注正确，可读性强。

原理图的一般设计流程如图 1-5 所示。

2. PCB 一般设计流程

PCB 设计是从电路原理图变成一个具体产品的关键流程。可见，PCB 设计在电路设计中是非常关键的一步。

为了清楚地了解电路板设计的过程，图 1-6 给出了印制电路板的设计流程。

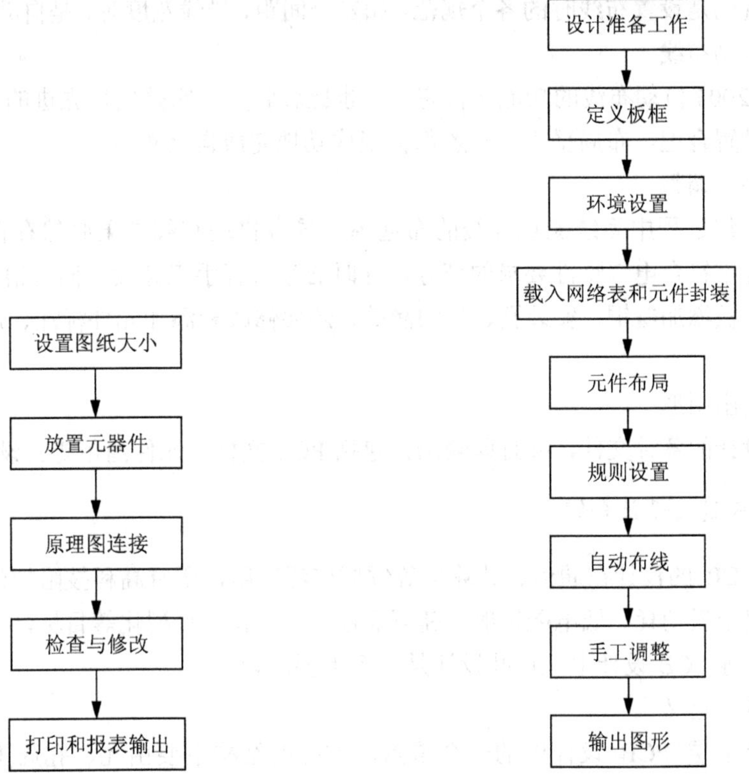

图 1-5　原理图的一般设计流程　　图 1-6　印制电路板的设计流程

（1）设计准备工作

电路板设计准备工作主要是利用原理图设计工具绘制原理图，并且生成网络表。

（2）定义板框

在绘制电路板之前，要先定义电路板框。定义板框主要包括定义电路板层数、电路板的外形尺寸和形状等。

（3）环境设置

设置 PCB 设计环境的主要内容有规定电路板的结构及尺寸、板层参数、格点的大小和形状及布局参数，大多数参数可以用系统的默认值。

（4）载入网络表和元件封装

载入由原理图生成的网络表和元件封装后，在电路板上会出现由元件封装和连接关系所构成的一些凌乱的图。

（5）元件布局

载入元件引脚封装和网络后，就可以根据布局原则进行自动布局和手工调整，使元件的位置符合产品布局要求，并方便布线。

（6）规则设置

布线规则是设置布线时的各个规范，如安全间距、导线宽度等，是自动布线的依据。

（7）自动布线

Protel 2004 自动布线的功能比较完善，也比较强大，它采用最先进的无网络设计，如果参数设置合理，布局妥当，一般都会很成功地完成自动布线。

（8）手工调整

自动布线过程中系统侧重导线的布通率，导致自动布线结果必然存在导线弯曲过多、过长等不符合电气特性要求的部分，此时必须进行手工修改。同时根据实际需要，可以给电路板添加覆铜、安装孔、补泪滴等，还要修改和添加元件标注、尺寸标注、文字标注等。

（9）输出图形

保存设计的各种文件，并打印输出，包括 PCB 文档、元件清单等。设计工作结束。

3. PCB 过孔设计介绍

高速 PCB 的设计在通信、计算机等领域广泛应用，所有高科技附加值的电子产品设计都在追求低功耗、低电磁辐射、高可靠性、小型化、轻型化等目标，为了达到以上目标，在高速 PCB 设计中，过孔设计是一个重要因素。

（1）过孔定义

过孔是多层 PCB 设计中的一个重点，过孔的结构主要由孔、孔周围的焊盘区、POWER 层隔离区三部分组成。过孔的工艺过程是在过孔的孔壁圆柱面上用化学沉积的方法镀上一层金属，用以连通中间各层需要连通的铜箔，而过孔的上下两面做成普通的焊盘形状，可直接与上下两面的线路相通，也可不连。孔可以起到电气连接，固定或定位器件的作用。

（2）过孔分类

过孔分为盲孔、埋孔和通孔三类。

1）通孔是孔穿过整个电路板，可用于实现内部互连或作为元件的安装定位孔。通孔在工艺上好实现，成本较低，所以一般印制电路板均使用通孔。

2）盲孔位于印制电路板的顶层和底层表面，具有一定深度，用于表层线路和下面的内层线路的连接，孔的深度与孔径通常有一定的比率。

3）埋孔指位于印制电路板内层的连接孔，它不会延伸到电路板的表面。

总之，通孔是连接不同板层之间的导线的孔，埋孔是连通内层的孔，盲孔是连通某外层（最高层或最低层）和内层的孔。图 1-7 为过孔分类示意图。

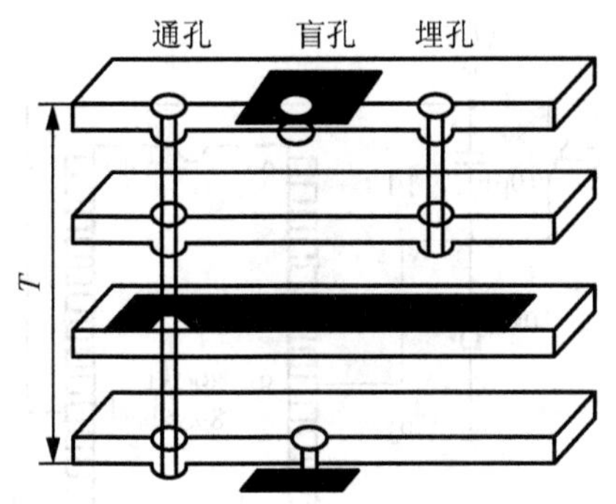

图 1-7　过孔分类

（五）单片机知识

单片机就是在一块硅片上集成了中央处理器（CPU）、存储器、输入和输出、振荡电路、计数器等电路的一块集成电路，这样的一块集成电路具有一台计算机的基本功能，因而被称为单片微型计算机，简称单片机。

因为单片机具有体积小、功能强、成本低、功耗小等优点，所以在工业控制、智能仪表、通信技术、信号处理及家用电器产品中得到广泛应用。

1. 单片机最小系统

单片机最小系统就是能让单片机工作起来的一个最基本的组成电路。51 系列单片机最小系统主要由电源电路、时钟电路和复位电路三种基本单元电路构成。

1）电源电路：单片机通常使用的是 5V 直流电源。

2）时钟电路：又称振荡电路。在单片机内部有一个时钟产生电路，单片机工作时要在外部接上两个电容和一个晶振构成完整的时钟振荡电路。

3）复位电路：起到使单片机启动时从初始状态开始执行程序的作用。

单片机最小系统电路如 1-8 所示。

2. 单片机的 I/O 口

8051 单片机 40 脚双列直插式封装，有四个 8 位的并行 I/O 接口：P0 口（32～39）、P1 口（1～8）、P2 口（21～28）和 P3 口（10～17），共 32 根 I/O 线。每个 I/O 口主要由四部分构成：端口锁存器、输入缓冲器、输出驱动器和端口引脚。它们都是双向通道，每条 I/O 线都能独立地用做输入或输出线。做输入线时数据可以缓冲，做输出线时数据可以锁存。

单片机的四个 I/O 口功能不完全相同，在特性上的差别主要是 P0、P2、P3 口都还有第二功能，而 P1 口只能用做普通 I/O 口。

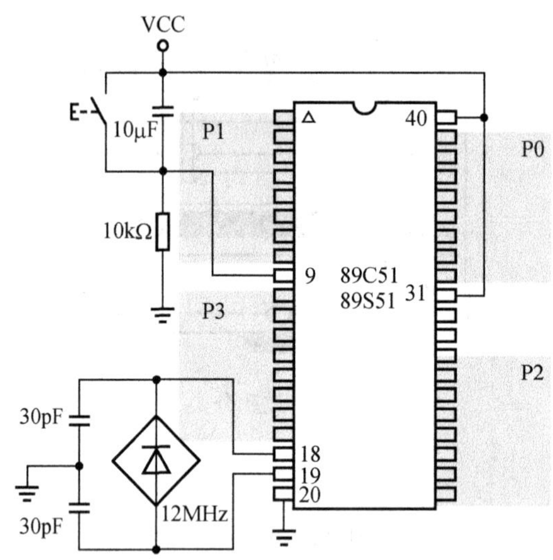

图 1-8　单片机最小系统电路

（1）P0 口

P0 口为双向 I/O 口，既可做地址/数据总线口用，也可做普通 I/O 口用。

（2）P1 口

P1 口为准双向 I/O 口，只能用做普通 I/O 口。

（3）P2 口

P2 口为准双向 I/O 口，既可做地址总线口输出地址高 8 位，也可做普通 I/O 口用。

（4）P3 口

P3 口为多用途端口，既可做普通 I/O 口用，也可用做专门定义的第二功能。表 1-1 为 P3 口的第二功能。

表 1-1　P3 口的第二功能

位	第二功能	说明	位	第二功能	说明
P3.0	RXD	串行输入口	P3.4	T0	计数器 0 计数输入
P3.1	TXD	串行输出口	P3.5	T1	计数器 1 计数输入
P3.2		外部中断 0 输入	P3.6		外部数据 RAM 写选通信号
P3.3		外部中断 1 输入	P3.7		外部数据 RAM 读选通信号

（六）PLC 基础知识

PLC 是电子技术、计算机技术与继电器逻辑自动控制系统相结合的产物。它不仅充分发挥了计算机的优点，以满足各种工作过程自动控制的需要，同时又照顾到一般电气操作人员的技术水平习惯，采用梯形图或状态流程图等编程方式，使 PLC 的使用始终保持大众化。

PLC 运行后，工作分为输入采样、程序执行和输出刷新三个阶段。这种工作方式称为扫描工作方式。PLC 是不断循环地进行着这种扫描工作的，以满足生产过程实时控制的需要。从输入到输出的整个执行时间称为扫描周期，因此全部输入/输出状态的更新就需要一个扫描周期。一个扫描周期中分三个阶段（图 1-9）处理，可从软件上有效地提高 PLC 抗干扰的能力。

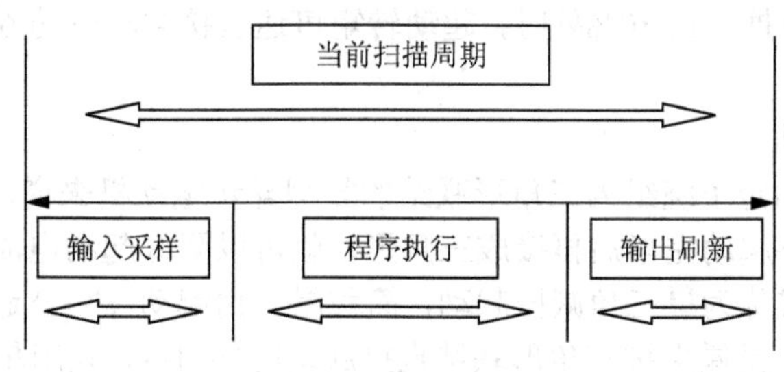

图 1-9　PLC 周期

（1）输入采样

程序执行前，把 PLC 的全部输入端子的通断状态读入输入映像寄存器。在程序执行中，即使输入状态发生改变，输入映像寄存器的内容也不会发生改变，直到进行下一个周期的的输入采样阶段，才读入这一变化。

（2）程序执行

根据用户程序存储器所存的指令，从输入映像寄存器和其他软元件（状态可由程序设置或其触点重复使用次数不限的元件）的映像寄存器将有关软元件的通、断状态读出，从第 0 步开始顺序运算，每次运算结果都写入有关的映像寄存器，因此各软元件（X 除外）的映像寄存器的内容是随着程序的执行在不断变化的。

（3）输出刷新

全部指令执行完毕，将输出映像寄存器的通、断状态向输出锁存寄存器传送成为 PLC 的实际输出。

（七）三相交流异步电动机起动基础知识

三相交流异步电动机与工业生产的各个领域（如纺织、化工、食品、医药、电子等）及人们的日常生活（如暖通、市政给排水等）息息相关。三相交流异步电动机的起动方式是最受关注的内容。三相交流异步电动机常用的起动方式有直接起动、自耦变压器起动、星三角起动、软起动器起动、变频器起动等。

（1）直接起动

直接起动最大的好处就是可以获得最大的起动转矩（但是在某些情况下要尽量避免），直接起动转矩最大可以达到额定转矩的 1.5 倍，即 $T_{\mathrm{smax}}=1.5T_{\mathrm{n}}$。但起动条件是线路压降不能太大，否则电动机反而有可能无法起动。

在电网容量和负载两方面都允许直接起动的情况下，可以考虑采用直接起动。其优点是操纵控制方便，维护简单，而且比较经济；主要用于小功率电动机的起动，从节约电能的角度考虑，大于 11kW 的电动机不宜用此方法。

（2）自耦减压起动

利用自耦变压器的多抽头减压，既能适应不同负载起动的需要，又能得到更大的起动转矩，是一种经常被用来起动较大容量电动机的减压起动方式。它的最大优点是起动转矩较大，当其绕组抽头在 80%处时，起动转矩可达直接起动时的 64%，并且可以通过抽头调节起动转矩。

（3）星三角起动

对于正常运行的定子绕组为三角形联结的笼型异步电动机来说，如果在起动时将定子绕组接成星形，待起动完毕后再接成三角形，就可以降低起动电流，减轻对电网的冲击。这样的起动方式称为星三角减压起动，简称星三角起动（Y-△起动）。采用星三角起动时，起动电流只是原来按三角形联结直接起动时的 1/3。采用星三角起动时，起动转矩也降为原来按三角形联结直接起动时的 1/3。该起动方式适用于无载或轻载起动的场合，并且同其他减压起动相比具有结构简单，价格便宜的优点。除此之外，星三角起动方式还有一个优点，即当负载较轻时，可以让电动机在星形联结下运行。此时，额定转矩与负载可以匹配，这样能使电动机的效率有所提高，并节约电力消耗。

（4）软起动器起动

这是利用了可控硅的移相调压原理来实现电动机的调压起动，主要用于电动机的起动控制，起动效果好但成本较高。因为使用了晶闸管，晶闸管工作时谐波干扰较大，对电网有一定的影响。另外电网的波动也会影响晶闸管的导通，特别是同一电网中有多台晶闸管设备时，晶闸管的故障率较高，对维护技术人员的要求也较高。

（5）变频器起动

变频器起动就是通过变频器调整频率让电动机平稳起动，减少电动机起动瞬间的大电流对电网的冲击，以符合工业生产现场的需要。

三、安全文明生产环保意识

（一）安全用电和文明生产

在现实生活和生产中造成触电事故的常见原因如下。

1）私自乱拉、乱接电线；用湿布擦灯具、开关等电器用具。

2）将天线安装在高于避雷针的地方。

3）家用电器的外壳与相线相连，没有有效接地。

4）用湿布擦灯具、开关等电器用具。

（二）常见的触电方式

常见的触电方式有单相触电、两相触电、跨步电压触电和接触电压触电四种。

1. 单相触电

单相触电是指当人体接触带电设备或线路中的某一相导体时，单相电流通过人体经大地回到中性点，这种触电形式称为单相触电，如图 1-10 所示。在国内，单相触电是指由单相 220V 交流电（民用电）引起的触电。大部分触电事故是单相触电事故。

2. 两相触电

人体的两处同时触及两相带电体的触电事故，称为两相触电，如图 1-11 所示。这时人体承受的是 380V 的线电压，其危险性一般比单相触电大。人体接触两相带电体时电流比较大，轻微的会引起触电烧伤或导致残疾，严重的可以导致触电死亡事故。

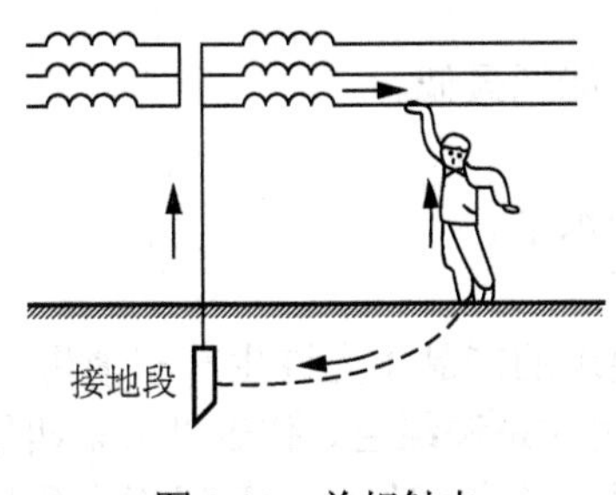

图 1-10　单相触电

图 1-11　两相触电

3. 跨步电压触电

如果站在距离高压电线落地点 8～10m 以内，就可能发生触电事故，这种触电称为跨步电压触电，如图 1-12 所示。跨步电压触电一般发生在高压电线落地时，但对低压电线落地也不可麻痹大意。当一个人发觉跨步电压威胁时，应赶快把双脚并在一起，然后马上用一条腿或两条腿跳离危险区。

4. 接触电压触电

接触电压触电又分为直接接触触电和间接接触触电。直接接触触电是指人员直接接触带电体而造成的触电。间接接触触电是由于电气设备（包括各种用电设备）内部的绝缘故障，而造成其外露可导电部分（金属外壳）可能带有危险电压，当人员误接触到设备的外露可导电部分时，便可能发生触电事故。

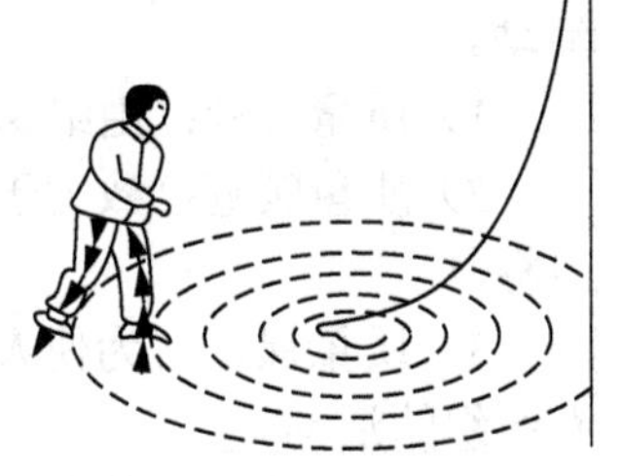
图 1-12　跨步电压触电

（三）安全电压

所谓安全电压，是指为了防止触电事故而由特定电源供电所采用的电压系列。我国规定安全电压额定值的等级为 6V、12V、24V、36V、42V。当电气设备采用的电压超过安全电压时，必须按规定采取防止直接接触带电体的保护措施。

（四）用电安全工作制度

当输电线路发生故障时，工作人员在维修的过程中要严格遵守用电安全工作制度，必须对线路进行停电作业。为保证人身安全，必须执行停电、验电、装挂接地线、悬挂标志牌和装设遮拦装置四项安全技术措施后，方可进行停电作业。

（五）节能环保

能效等级是表示家用电器产品能效高低差别的一种分级方法，按照国家标准相关规定，目前我国的能效标志将能效分为五个等级。

1）等级 1 表示产品节电已达到国际先进水平，能耗最低。

2）等级 2 表示产品比较节电。

3）等级 3 表示产品能源效率为我国市场的平均水平。

4）等级 4 表示产品能源效率低于市场平均水平。

5）等级 5 是产品市场准入指标，低于该等级要求的产品不允许生产和销售。

不同等级分别由不同的颜色和长度来表示。最短的是深绿色，代表“未来四年的节能方向”，也就是国际先进水平，其次是绿色、黄色、橙色和红色。等级指示色标是根据色彩所代表的情感安排的，其中红色代表禁止，橙色、黄色代表警告，绿色代表环保与节能。

四、质量管理

（一）质量管理的概念

质量管理（Quality Management）是指确定质量方针、目标和职责，并通过质量体系中的质量方针、质量策划、质量保证和质量改进来使其实现的所有管理职能的全部活动。

1）质量方针：由组织的最高管理者正式发布的该组织总的质量宗旨和方向。

2）质量策划：致力于制定质量目标并规定必要的作业过程和相关资源以实现质量目标。

3）质量保证：为使人们确信某一产品、过程或服务的质量所必需的全部有计划、有组织的活动。

4）质量改进：为向本组织及其顾客提供增值效益，在整个组织范围内所采取的提高活动和过程的效果与效率的措施。

（二）全面质量管理

全面质量管理，就是企业组织全体职工和有关部门参加，综合运用现代科学和管理

技术成果，控制影响产品质量的全过程和各因素，经济地研制生产和提供用户满意的产品的系统管理活动。全面质量管理的核心观点是一切为了顾客，一切凭数据说话，一切以预防为主，一切按 PDCA 循环办事。

五、法律法规

（一）劳动者的权利

我国法律规定了劳动者在劳动关系中的各项权利，主要有以下几个方面。

1）劳动者平等就业的权利，是指具有劳动能力的公民，有获得职业的权利。劳动就业权是有劳动能力的公民获得参加社会劳动和切实保证按劳取酬的权利。

2）劳动者有选择职业的权利，是指劳动者根据自己的意愿选择适合自己才能、爱好的职业。选择职业的权利是劳动者劳动权利的体现，是社会进步的一个标志。

3）劳动者有取得劳动报酬的权利。劳动者付出劳动，依照合同及国家有关法律取得报酬，是劳动者的权利。而及时定额地向劳动者支付工资，则是用人单位的义务。用人单位违犯这些应尽的义务，劳动者有权依法要求有关部门追究其责任。

4）劳动者有权获得劳动安全卫生保护的权利。这是保证劳动者在劳动中生命安全和身体健康，是对享受劳动权利的主体切身利益最直接的保护。

5）劳动者享有休息的权利。我国宪法规定，劳动者有休息的权利，国家发展劳动者休息和休养的设施，规定职工的工作时间和休假制度。

6）劳动者享有社会保险和福利的权利。《中华人民共和国劳动法》（以下简称《劳动法》）规定劳动保险包括养老保险、医疗保险、工伤保险、失业保险、生育保险等。

7）劳动者有接受职业技能培训的权利。公民要实现自己的劳动权，必须拥有一定的职业技能，而要获得这些职业技能，越来越依赖于专门的职业培训。

8）劳动者有提请劳动争议处理的权利。劳动争议是指劳动关系当事人，因执行《劳动法》或履行集体合同和劳动合同的规定引起的争议。用人单位与劳动者发生劳动争议，劳动者可以依法申请调解、仲裁、提起诉讼。解决劳动争议应该贯彻合法、公正、及时处理的原则。

（二）劳动者的义务

劳动者的义务指劳动者必须履行的义务。劳动者的义务包括：

1）完成劳动任务。完成劳动任务是劳动者最基本的义务，劳动者只有完成其劳动任务，才能受到《劳动法》对其劳动权利的保护。

2）提高职业技能。提高职业技能是完成劳动任务的重要保障。劳动者应该在劳动中不断学习，取得相应的职业技能等级证书。

3）执行劳动安全卫生规程。劳动者在劳动过程中必须严格执行劳动安全卫生规范，取保安全生产。

4）遵守劳动纪律和职业道德。

（三）劳动合同的解除

劳动合同的解除，是指当事人双方提前终止劳动合同的法律效力，解除双方的权利义务关系。劳动合同的变更，是指当事人双方对依法成立、尚未履行的劳动合同条款所做的修改或增减。劳动者有下列情形之一的，用人单位不得依照《劳动合同法》第四十条、第四十一条的规定解除劳动合同：

1）从事接触职业病危害作业的劳动者未进行离岗前职业健康检查，或者疑似职业病病人在诊断或者医学观察期间的。

2）在本单位患职业病或者因工负伤并被确认丧失或者部分丧失劳动能力的。

3）患病或者非因工负伤，在规定的医疗期内的。

4）女职工在孕期、产期、哺乳期的。

5）在本单位连续工作满十五年，且距法定退休年龄不足五年的。

6）法律、行政法规规定的其他情形。

（四）劳动合同的终止

劳动合同的终止，是指劳动合同关系自然失效，双方不再履行。《劳动法》第二十三条规定，劳动合同期满或者当事人约定的劳动合同终止条件出现，劳动合同即行终止。有下列情形之一的，劳动合同终止。

1）劳动合同期满的。

2）劳动者开始依法享受基本养老保险待遇的。

3）劳动者死亡，或者被人民法院宣告死亡或者宣告失踪的。

4）用人单位被依法宣告破产的。

5）用人单位被吊销营业执照、责令关闭、撤销或者用人单位决定提前解散的。

6）法律、行政法规规定的其他情形。

第二章　中级工的封装前准备

第一节　封 装 结 构

LED 的封装结构，要根据 LED 芯片的大小、芯片结构、几何形状、封装内部材料与包装材料来制作、设计。在设计 LED 封装结构时，需要了解功率大小与封装形式之间的关系、封装可靠性检测、封装要求、支架结构、晶片的相关知识等因素。

一、LED 的封装形式

LED 的封装主要有小功率封装和功率型封装两种结构。

1. 小功率 LED 封装

常规小功率 LED 的封装形式主要有引脚式封装、平面式封装、表面贴装式 LED 和食人鱼（Piranha）LED 四种封装。

（1）引脚式封装

引脚式封装采用引线架作为各种封装外型的引脚，常见的是直径为 5mm 的圆柱形封装。反射杯的作用是收集管芯侧面、界面发出的光，向期望的方向角内发射。

引脚式封装采用的是顶部包封，顶部包封的环氧树脂做成一定形状，具有保护管芯等不受外界侵蚀的功能，采用不同的形状和材料性质起透镜或漫射透镜的作用，控制光的发散角。

（2）平面式封装

平面式封装 LED 器件是由多个 LED 芯片组合而成的结构型器件。

（3）表面贴装式 LED

表面贴片 LED（SMD）是一种新型的表面贴装式半导体发光器件，具有体积小、散射角大、发光均匀性好、可靠性高等优点。

（4）食人鱼 LED

由于食人鱼 LED 所用的支架是铜制的，面积较大，因此传热和散热快。

2. 功率型封装

功率型 LED 是未来半导体照明的核心，大功率 LED 的特点是耗散功率大、发热量大、出光效率比较高、寿命长。

大功率 LED 的封装不能简单地套用传统的小功率 LED 的封装，必须在封装结构设计、材料、选用设备、工艺等方面重新考虑，研究新的封装方法。

目前功率型 LED 主要有以下六种封装形式：大尺寸环氧树脂（或硅胶）封装、仿食人鱼式环氧树脂（或硅胶）封装、铝基板（MCPCB）式封装、TO 封装、功率型 SMD 封装和 MCPCB 集成化封装。

二、封装可靠性测试与评估

LED 器件的失效模式主要包括电失效（如短路或断路）、光失效（如高温导致的灌封胶黄化、光学性能劣化等和机械失效（如引线断裂、脱焊等），而这些因素都与封装结构和工艺有关。

LED 的使用寿命以平均失效时间（MTTF）来定义，对于照明用途，一般指 LED 的输出光通量衰减为初始值的 70%（对于显示用途，一般定义为初始值的 50%）的使用时间。由于 LED 的使用寿命长，通常采取加速环境试验的方法进行可靠性测试与评估。

三、固态照明对大功率 LED 封装的要求

与传统照明灯具相比，LED 灯具不需要使用滤光镜或滤光片来产生有色光，不仅效率高、光色纯，而且可以实现动态或渐变的色彩变化。在改变色温的同时，具有高的显色指数，满足不同应用的需要。但对其封装也提出了新的要求，具体体现在模块化、系统效率最大化和成本低三个方面。

LED 灯具要走向市场，必须在成本具备竞争优势（主要指初期安装成本），而封装在整个 LED 灯具生产成本中占了很大部分，因此，采用新型封装结构和技术，提高光效成本比，是实现 LED 灯具商品化的关键。

四、LED 支架结构

LED 支架主要有 LAMP 支架、TOP 支架及大功率支架。

LAMP 支架主要有直插式支架和食人鱼支架两大类。其中直插式支架由铁材支架镀银构成，食人鱼支架是由铜材支架镀银构成的。

TOP 支架由 PPA＋铜＋银组成。

大功率支架由金属＋塑料支架的组成包括铜柱＋框架＋PPA 塑料组成。

五、晶片的相关知识

1. 晶片的结构

LED 晶片的结构设计是一项非常复杂的系统工程，包含电致发光结构、光引出结构和电极设计。晶片的结构直接影响着晶片的出光效果。

2. 晶片的分类

晶片按功率可分为小功率晶片和大功率晶片，其中小功率晶片的驱动电流一般为

20mA（<100mA），大功率晶片的驱动电流一般为150mA、350mA。晶片按尺寸来分可分为小尺寸晶片和大尺寸晶片。晶片按芯片结构来分可分为普通晶片（正向晶片、反向晶片）和倒装晶片。晶片按芯片电极来分可分为单电极晶片和双电极晶片。晶片按芯片元素组成可分为二元晶片（如GaN）、三元晶片（如AlGaAs）和四元晶片（如InGaAlP）。

3. 照明用LED产品特征参数

照明用LED产品特征参数有电学指标、光学指标、颜色指标、与LED器件性能有关的热学指标、寿命和稳定性。其中，主要的电学指标有正向电压V_F、正向电流I_F、反向漏电流I_R、工作时的耗散功率P_D、极限参数、最大允许耗散功率、最大允许工作电流I_{FM}、最大允许脉冲电流I_{FP}和反向击穿电压V_R。最大允许耗散功率一般定为环境温度为25℃时的额定功率。工作电流要根据散热条件来定，一般只用到I_{FM}的60%。当环境温度升高时，LED的最大耗散功率会下降。

主要的光学指标有主波长、峰值波长、色纯度、半波宽和波长。

4. 晶片的检测

（1）晶片的检测项目

晶片的检测项目如下。

1）外观：电极不良、晶粒切割不良、发光区污染、排列异常。

2）电性能。

3）波长。

4）亮度。

5）功率。

（2）晶片不良

晶片不良包括电极不良、晶粒切割不良、发光区污染、排列异常。

1）电极不良图如图2-1所示。

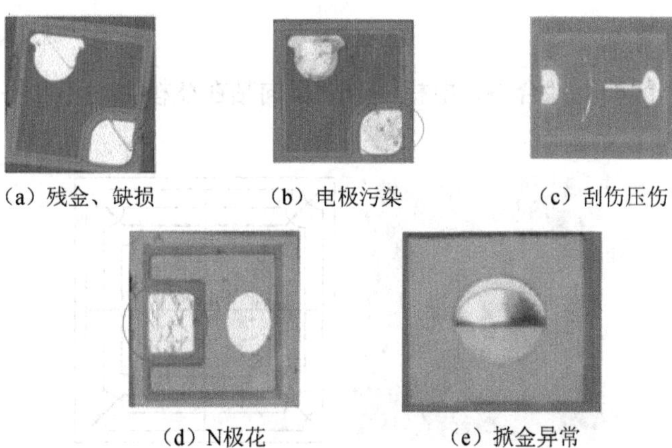

（a）残金、缺损　（b）电极污染　（c）刮伤压伤

（d）N极花　（e）掀金异常

图2-1　电极不良图

2）晶粒切割不良图如图 2-2 所示。

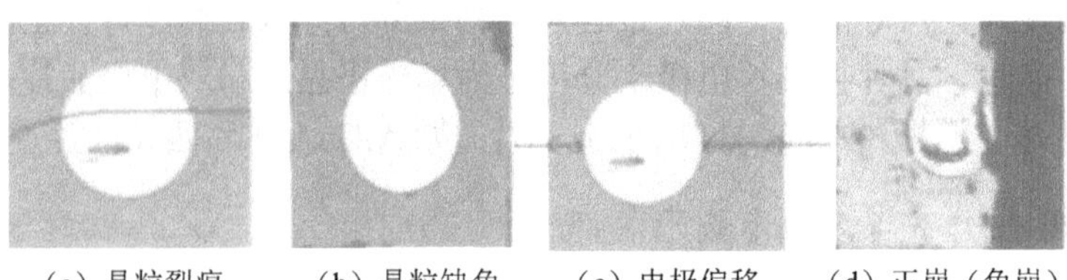

（a）晶粒裂痕　（b）晶粒缺角　（c）电极偏移　（d）正崩（角崩）

图 2-2　切割不良图

3）发光区污染图如图 2-3 所示。

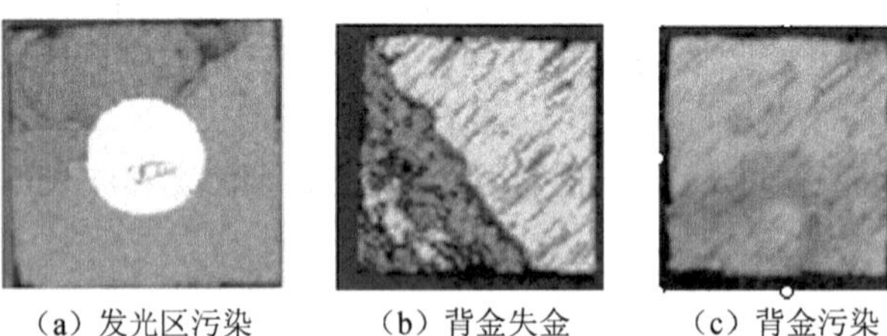

（a）发光区污染　（b）背金失金　（c）背金污染

图 2-3　发光区污染图

4）排列异常图如图 2-4 所示。

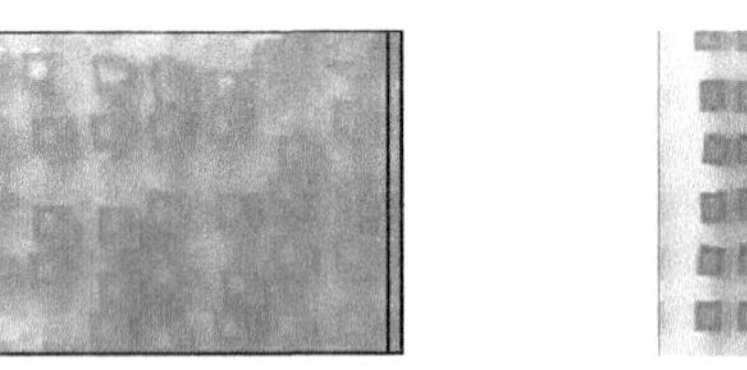

（a）晶片排列不齐　（b）晶片间隔不均

图 2-4　排列异常图

（3）电极合格判断

电极、正面光区朝上为合格，电极、正面反向粘在蓝模上为不合格。电极合格图如图 2-5 所示。

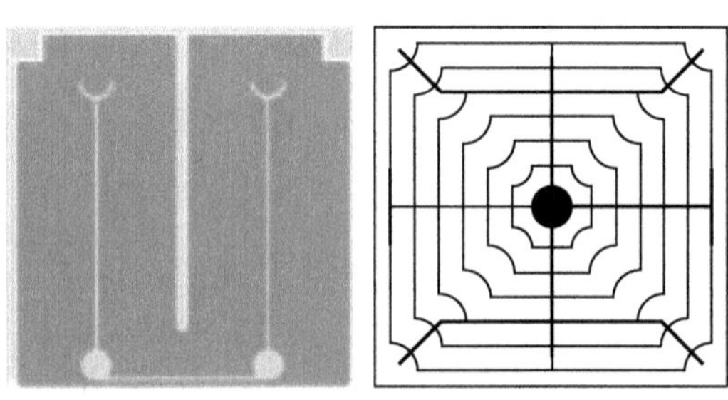

图 2-5　电极合格图

5. 晶片使用的注意事项

晶片使用注意事项如下。

1）存储：常温存储和垂直放置。

2）使用：晶片发光面不得接触黏性膜，不要以镊子等金属对象碰触晶片发光表面，以免损伤表面造成漏电或影响发光效果。

3）防止静电损伤：接触晶片时佩戴防静电手环或防静电手套，在撕蓝膜、作业等过程中使用离子风扇，使用防静电袋包装产品，未用完晶片用黄纸贴封好，并用静电袋包装好密封。

第二节　封 装 材 料

根据 LED 封装的需求，LED 封装的材料需要用到金属材料、绝缘体材料、荧光粉材料和半导体材料。

一、金属材料

在 LED 封装中，会用到金属材料的主要是键合线部分，因此，分析键合线的分类、性能及注意事项是非常重要的。

1. 键合线的分类

键合线按材质分类有金线、银线、银合金线、铝线和铜线。

2. 金线与银合金线的性能比较

金线的特点：性能稳定，价格高，电阻率相对比较大，断裂负荷比较小。

银合金线的特点：比较软，对垫片无限制，断裂负荷大，电阻率一般，用于中高端封装产品。

3. 键合线的使用注意事项

键合线的注意事项如下。

1）不能用手直接接触金线。

2）放置时轴心应水平放置。

3）除盖时不应碰线，避免线轴飞出线盒。

4）一定要轻拿轻放。

5）应用镊子小心去掉始端胶带，不要碰伤金线，切记不要用手直接揭掉胶带，以免手指碰伤金线，使用时一定要注意始末标志，末端固定胶带一定不能揭掉。

二、绝缘体材料

在 LED 封装中，封装胶水和衬底材料属于绝缘体部分。

1. LED 封装胶水的材料、分类及应用

（1）材料

LED 封装胶水的主要材料有环氧树脂、聚碳酸酯、聚甲基丙烯酸甲酯、玻璃、有机硅材料等高透明材料。其中，聚碳酸酯、聚甲基丙烯酸甲酯、玻璃等用做外层透镜材料；环氧树脂、改性环氧树脂、有机硅材料等主要作为封装材料，也可以作为透镜材料，而高性能有机硅材料是 LED 封装材料的发展方向之一。

（2）分类

LED 封装胶水根据材料组分可分为环氧树脂和有机硅胶。

1）环氧树脂。环氧树脂可与多种类型的固化剂发生交联反应而形成不溶的具有三向网状结构的高聚物，应用于 LED 封装的环氧树脂必须具备高透光率、高折射率、良好耐热性、抗湿性、绝缘性、高机械强度与化学稳定性等。环氧树脂 A 剂的添加剂包括抑制剂、稀释剂、消泡剂和调色剂。

2）有机硅胶。有机硅独特的结构使其兼备了无机材料与有机材料的性能，具有表面张力低、粘温系数小、压缩性高、气体渗透性高等基本性质，并具有耐高温低温、电气绝缘、耐氧化、稳定性、耐候性、难燃、憎水、耐腐蚀、无毒无味以及生理惰性等优异特性。

有机硅产品都具有良好的电绝缘性，其介电损耗、耐高压、耐电弧、耐电晕、体积电阻系数和表面电阻系数等均在绝缘材料中名列前茅，而且它们的电气性能受温度和频率的影响很小。

有机硅产品不但可耐高温，而且也耐低温，可在一个很宽的温度范围内使用。

有机硅的主链十分柔顺，其分子间的作用力比碳氢化合物要弱得多，因此，比同分子量的碳氢化合物黏度低，表面张力弱，表面能效低。

这种低表面张力和低表面能是它获得多方面应用的主要原因。有机硅胶具有疏水、消泡、泡沫稳定、防黏、润滑、上光等各项优异性能。

（3）LED 胶材的应用

固晶胶用于固定芯片，附有导热作用或导电作用，有固晶银胶（导电胶）、环氧树脂型固晶胶、硅树脂型固晶胶和特殊固晶胶四种。

银胶的主要成分是银粉，采用环氧树脂或其他树脂类加以混合，起到固定作用，银胶吸光。

银胶一定要冷冻保存，使用时分步解冻，且不得多次循环解冻。银胶的使用时间要严格控制，沉淀和吸湿是制程的重大隐患。

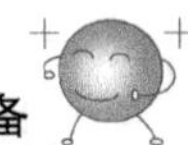

硅树脂的粘结性较强，且吸光率非常低，故应用于 0.5W 以下的 LED 固晶中，是比较合适的选择。

2. LED 衬底材料

衬底材料一般有蓝宝石、硅（Si）、碳化硅（SiC）三种，砷化镓（GaAs）、氮化铝（AlN）、氧化锌（ZnO）、氮化镓（GaN）也可以做衬底材料。

蓝宝石的缺点有导热性能不佳，且需要在芯片表面制作两个电极，减少了有效发光面积。

硅衬底芯片电极可采用 L 型电极和 V 型电极两种接触方式。

三、荧光粉材料

荧光粉是 LED 发光的关键性材料，对 LED 的发光颜色、发光强度起到决定性的作用。因此，荧光粉的成分、特性、影响因素等是重要的知识基础。

1. LED 常用荧光粉分类

LED 常用荧光粉按化学成分分类，分为 YAG 铝酸盐荧光粉、硅酸盐荧光粉、氮化物荧光粉和硫化物荧光粉。

其中，YAG 铝酸盐荧光粉的优点是亮度高，发射峰宽，成本低，工艺成熟，应用广泛，黄粉效果较好。硅酸盐荧光粉的优点是激发波段宽，绿粉和澄粉效果较好，化学稳定性和热稳定性良好。

2. 彩色荧光粉的主要成分

黄色荧光粉的组成分子式是 $Tb_3Al_5O_{12}$:Ce,Ga,Cd。黄绿色荧光粉的组成分子式是 $Y_3Al_5O_{12}$:Ce,Ga,Cd 或(Sr,Ba,Ca)$_2$SiO$_4$:Eu。

在白光 LED 的产生方式中，以“蓝光 LED＋黄色荧光粉”的技术最为成熟，这也是目前商品化白光 LED 的主要实现形式，其中所用的黄色荧光粉多为业界所熟悉的铝酸盐 YAG:Ce 和 TAG:Ce。这两种比较起来，前者的发光效率好，后者的应用面较窄。近年来开发研究成功的 LED 黄色荧光粉还有硅酸盐如 (Sr,Ba,Ca)$_2$SiO$_4$:Eu。

3. 荧光粉的特性

荧光粉的主要特性包括晶体结构、结晶性、发光特性、色度、表面形态、粉体粒径、活化中心价数等。荧光粉的分析工具包括 X 光粉末绕射仪，用于分析荧光粉的纯度和晶体结构；光激发光光谱仪，用于分析荧光粉的激发光谱和放射光谱特性；反射式紫外光/可见光吸收光谱仪，用于分析荧光粉的吸收特性并借以研究其能量转换机制；电子显微镜，用于分析荧光粉表面形态及粒径大小差异；X 光吸收光谱近边缘结构，用于分析荧光粉活化中心的价数。

4. 芯片与荧光粉的搭配选用

荧光粉在 LED 制造过程中起着至关重要的作用。使用绿色荧光粉配合黄色荧光粉和蓝色 LED 芯片，可获得高亮度白光 LED；若使用绿色荧光粉配合蓝光 LED 芯片，可以直接获得绿光 LED；若使用绿色荧光粉配合黄色荧光粉与蓝色 LED 芯片，可以获得冷色调白光 LED；绿色荧光粉也可配合红色荧光粉与蓝色 LED 芯片而获得白光 LED。白光 LED 的显色指数（CRI）与蓝色芯片、YAG 荧光粉、相关色温等有关，其中最重要的是 YAG 荧光粉。

5. 荧光粉配比的影响

根据芯片的光谱特性、白光 LED 的色标范围和显色指数要求选定荧光粉的种类和数量，主要影响白光 LED 的 y 方向的是光色、发光效率和显色指数。

荧光粉的用量配比是根据白光 LED 的色标范围要求调整用量，主要影响白光 LED 的 x 值大小的是色温。

6. 湿温度对荧光粉的影响

荧光粉是在大于 1000℃的高温条件下合成的，所以温度对荧光粉的性质影响不大。温度作为一项重要的考量因素，主要是针对铝酸盐类的荧光粉。铝酸盐稀土荧光粉的最大缺点是防湿性差，对水性不稳定，在水溶液中极易水解。即使空气中的水分也能使其发光亮度和余晖时间大大降低。大部分的硅酸盐是不溶于水的，硅酸盐的相对防湿性较好。

四、半导体材料

1. 闪锌矿、金刚石结构

大多数Ⅲ—Ⅳ族化合物半导体晶体是闪锌矿结构，而锗、硅等的金刚石结构则可以认为是闪锌矿结构的一个特例。闪锌矿结构的晶胞是由沿晶胞的对角线方向，相距 1/4 对角线长度的两种不同原子的面心立方布拉菲格子相套而成的。

2. 半导体晶体材料的电学性质

半导体晶体材料的电学性质，通常以一些描述材料中载流子的运动和行为来表征，包括费米能级和载流子、载流子的漂移和迁移率、电阻率和载流子浓度、寿命。载流子在电场作用下的运动称漂移，其漂移速度的度量是迁移率。电阻率和载流子浓度也是描述载流子运动的重要参数。寿命是反映材料中非平衡载流子复合行为的。

3. 常见的半导体发光材料

半导体发光材料有砷化镓、磷化镓（GaP）、磷砷化镓（GaAsP）、镓铝砷（GaAlAs）、

铝镓铟磷（AlGaInP）、铟镓氮（InGaN）等，成为半导体发光材料的条件是半导体带隙宽度与可见和紫外光子能量相匹配。砷化镓是一种重要而且研究得比较多的Ⅲ–Ⅳ族化合物半导体，是典型的直接跃迁型材料，其光子能量为 1.4eV 左右，相应发射波长在 900nm 左右，属于近红外区。

4. 半导体发光材料的晶体结构

自然界物质存在的形态大致可以分为固体、液体、气体三大类。晶体是指由原子、离子、分子或某些基团的重心有规则排列而成的固体。晶体又可分为单晶体和多晶体。单晶体是指其内部的原则都是有规则排列的晶体。半导体发光材料的晶体结构有闪锌矿结构、金刚石结构和纤锌矿结构等。

5. 发光二极管材料的生长方法

大多数Ⅲ–Ⅳ族二元化合物半导体都能直接从熔体中生长单晶体，这些材料应用扩散、离子注入等技术以形成 PN 结，可以制成场效应管和双极型晶体管，也可以制造同质结构的便宜的 LED，但 GaAs 和 GaP 都是在红外光谱区域。高亮度 LED 材料只能用外延技术生长。液相外延是早期较多用在 GaP 和 GaAlAs 材料生长。两种更现代的技术成为研制和生产先进器件的主要方法，那就是分子束外延和金属有机物化学气相沉淀。由于金属有机物化学气相沉淀的晶体生长是在热分解中进行的，所以又称热分解法。

6. 磷化镓的液相外延材料的用途

磷化镓的液相外延生长主要用于制作红、绿发光二极管材料，是间接跃迁型半导体，红、绿色二极管相应发光峰值波长为 700nm 和 565nm。

第三节　封 装 工 艺

一、LED 发光原理与技术参数

1. LED 发光机理

当电流通过 LED 的 PN 结时，电子与空穴复合而将电能转变为可见辐射光能，这就是 LED 发光原理。

LED 是由Ⅲ-Ⅴ族化合物，如 GaAs、GaP、GaAsP 等半导体制成的，这些半导体材料会预先通过注入或掺杂等工艺以产生 P、N 架构。因此它具有一般 PN 结的 *I-V* 特性，即正向导通，反向截止、击穿特性。此外，在一定条件下，它还具有发光特性。两种不同的载流子的空穴和电子在不同的电极电压作用下产生漂移或扩散运动。当空穴和电子相遇而产生复合时，电子会跌落到较低的能阶，同时以光子的模式释放出能量。

2. LED 光源特点

LED 光源具有发光效率高，响应速度快，耗电量少，节能环保，使用寿命长，可靠性高等特点。

3. LED 伏安特性

LED 的伏安（*I-V*）特性具有单向导电性。从 *I-V* 特性曲线看属于非线性，可划分为正向死区、正向工作区、反向死区、反向击穿区。开启 LED 发光的电压，红色（黄色）一般为 0.2～0.25V，绿色（蓝色）一般为 0.3～0.35V。

4. LED 光学特性

LED 的光学特性包括发光强度、发光波长、光谱分布、光通量、发光效率、视觉灵敏度、发光亮度等。LED 的发光强度随封装形式及透镜的形状不同会有所不同；光的峰值波长（λ）与发光区域的半导体材料有关，而与封装方式和几何形状无关；光通量（F）是说明光源发光的能力的基本量。发光源效率也就是每瓦电力所发出光的量，单位是 lm/W，其数值越高表示光源的效率越高，也越为节能。所以效率通常是经常要考虑的一个重要的因素。光亮度是单位面积的发光强度，单位是尼特（nt）。LED 光亮度与外加电流密度及环境温度有关。

5. LED 色度学参数

LED 的色度学参数主要包括色温、发光颜色及波长、显色指数。

色温就是专门用来量度光线的颜色成分的，单位是开尔文（K）。所有颜色印象的产生，是由于时断时续的光谱在眼睛上的反映，所以色温只是用来表示颜色的视觉印象。有光才有色，没有光就没有色。光的色彩强弱变化可以通过数据来描述，这种数据称为波长。我们能见到的光的波长，范围为 380～780nm。光的波长单位是纳米（nm）。光的波长与发光区域的半导体材料有关，不同颜色的 LED 所使用的元素（材料）不同。光源对物体本身颜色呈现的程度称为显色性，也就是颜色逼真的程度；通常称为显色指数。

二、LED 封装基本工艺流程

1. LED 制程基本工艺

LED 制程四大工艺是指固晶工艺、焊线工艺、灌胶工艺、测试工艺。将晶片固定在已点好胶的支架上称为固晶。固晶的位置不能偏离中心位 1/3。

2. LED 封装工艺的烘烤

固晶烘烤是将半成品放入烤箱内，烤箱温度为 150℃，烘烤 1.5h。烘烤过程中不能打开烤箱。

点荧光粉烘烤是点完荧光粉后放入烤箱内，烤箱温度为 120℃，烘烤 15～20min。

灌胶后烘烤分为前固化和后固化两个阶段。

3. LED 封装的压焊（焊线）工艺

用金线焊机将电极连接到 LED 管芯上，用以电流注入的引线称为焊线。工艺上主要需要监控的是压焊金丝拱丝形状、焊点形状、拉力。

4. LED 的点胶封装工艺

在 LED 支架上的相应位置点上银胶或绝缘胶称为点胶。点胶封装工艺主要难点是对点胶量的控制。

三、LED 封装防静电基础知识

1. 关于静电

静电是一种电能，它存在于物体表面，是正负电荷在局部失衡时产生的一种现象。静电现象是指电荷在产生与消失过程中所表现出的现象的总称，如摩擦起电就是一种静电现象。静电的基本物理特性有吸引或排斥，产生放电电流。静电放电对元器件击穿损害是电子工业最普遍、最严重的危害。静电对电子元件的危害有使元器件硬击穿完全受损破坏，软击穿产生潜在损伤，缩短使用寿命，静电放电产生的电磁场对电子产品造成干扰甚至损坏等。

2. 静电的产生

两种不同性质的物体相互摩擦或接触时，在物体间发生电子转移，一种物质把电子传给另一种物质而带正电，另一种物质得到电子而带负电，在与大地绝缘情况下，电荷无法泄漏而停留在物体的内部或表面呈相对静止状态，这种物体所带相对静止不动的电荷称为静电。

人体形成静电的原因是人体在日常工作中，把人体所消耗的机械能在活动中转换为电能。人体是一个静电导体，当与大地绝缘时（如穿的鞋底为绝缘物质），人体与大地就形成一个电容，使电荷储存起来，其充电电压一般不大于 50kV。当电荷储积到一定程度时，一旦条件成熟会放电形成火花，瞬时放电电压可达数十万伏，放电功率可达几十万瓦。

3. LED 封装的烘烤工艺中静电防御

LED 封装的烘烤工艺中，采取的静电防御的方法有如下几种。

1）烘烤设备应良好接地，如图 2-6 所示。

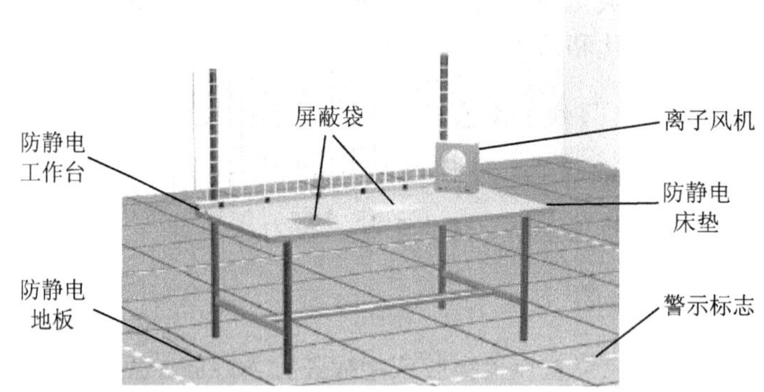

图 2-6　防静电工作区基本组成图

2）有必要的在设备周围要铺设防静电地垫。

3）操作者穿戴防静电衣、帽、腕带等，如图 2-7 所示。

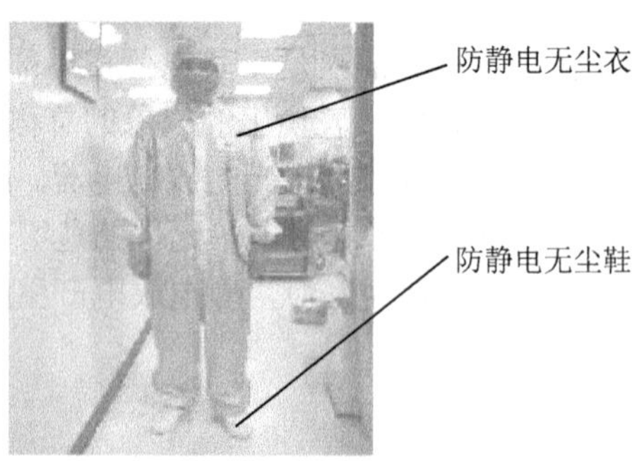

图 2-7　防静电着装要求

4）必要时，在静电防护关键部位设置离子风机。

4. LED 封装时静电的生成

LED 封装时静电的生成过程如下。

1）LED 封装时空气干燥易产生静电。

2）LED 封装环境温度高，易受生静电危害。

3）LED 封装环境无尘化处理不好易吸附静电。

4）工作台、桌椅、地板（垫）没有静电防御，在静电防护关键部位没有设置离子风机。

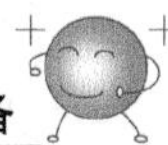

5）喷射、流动、运送、分离、包装等的速度不当易受生静电危害。

5. LED 封装防静电措施

静电控制的主要措施有：静电的泄漏和耗散、静电中和、静电屏蔽与接地、增湿等。

1）生产机具有良好的接地设施。

2）使用较不易产生静电的器具，如穿戴棉质手套避免使用尼龙手套、橡皮手套，避免裸手接触晶粒或 IC。操作人员须佩戴静电环。静电手环如图 2-8 所示。

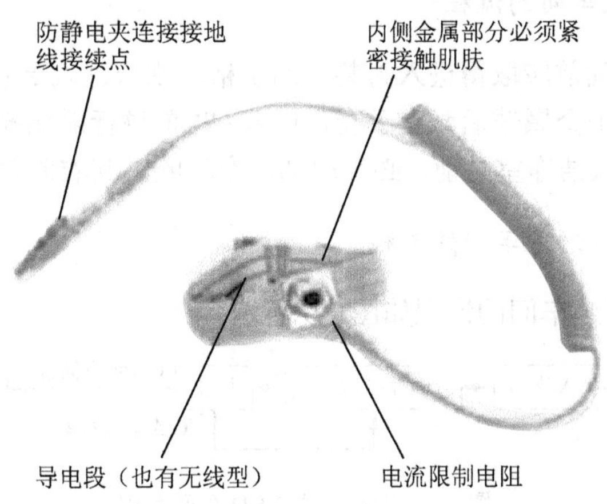

图 2-8　静电手环

3）以静电防护材料包装晶粒及 IC 产品。

4）使用静电防护桌垫及地毯。

5）必要时使用离子扇中和工作环镜中无法借接地来消除的静电。

四、LED 封装环境要求

1. LED 封装生产环境对 LED 品质的影响

LED 封装生产时，环境对 LED 品质的影响如下。

1）环境的静电会使 LED 硬击穿完全受损破坏或软击穿产生潜在损伤，缩短使用寿命。降低环境的静电影响，能提高产品的优良率。

2）环境温度、湿度、无尘净化率，可以减少热、湿气扩散、静电吸附，能有效降低芯片、硅胶、封装界面、荧光粉胶等的老化，提高 LED 产品的合格率及性能指标。

2. LED 封装环境温度的控制要求

LED 封装环境对温度控制的要求如下。

1）LED 封装环境温度控制在（25±5）℃为宜，室温影响胶水的黏稠度和使用时间。

2）环境温度的控制可以减少热、湿气扩散，能有效降低对芯片、硅胶、封装界面、荧光粉胶等的影响。

3. 环境湿度的控制要求

环境潮湿会可渗透到材料里，当元件暴露在回流焊接或烘烤期间升高的温度环境下，材料里产生足够的蒸汽压力损伤或毁坏元件而造成死灯现象。LED 封装环境相对湿度控制在（50%±10%）为宜。

4. 人员进入封装车间的流程

人员进入封装车间前应取得进入封装车间资格，刷卡进入更衣室，换穿无尘衣/鞋，戴上帽子，人手摸接地金属球后戴上手套，进入 CR 前进行射线检测和探测金属，进入风淋间（当操作者进入洁净室之前，必须用洁净空气吹淋其衣服表面附着的尘埃颗粒）。

5. 物品进入 LED 封装车间的流程

物品进入 LED 封装车间的流程如图 2-9 所示。

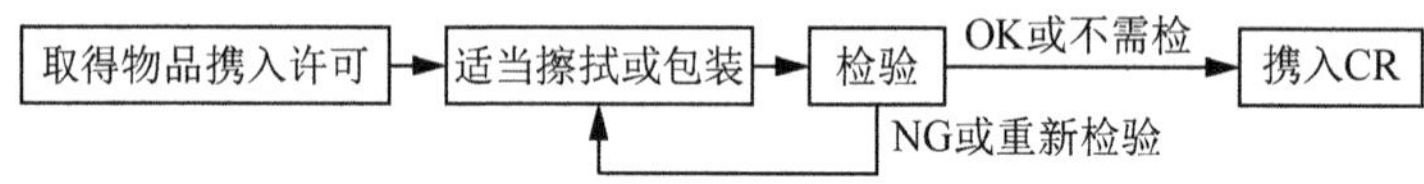

图 2-9　物品进入 LED 车间流程

第三章　中级工的封装设备操作要求

第一节　设 备 点 检

一、设备点检的定义

为了维持生产设备的原有性能，通过人的五感（视、听、嗅、味、触）或简单的工具、仪器，按照预先设定的周期和方法，对设备上的规定部位（点）进行有无异常的预防性周密检查的过程，以使设备的隐患和缺陷能够得到早期发现，早期预防，早期处理，这样的设备检查称为点检。

1. 设备点检的“五定”

设备点检的“五定”为定点、定法、定标、定期和定人。其中，定点是设定检查部位、项目和内容，定法是设定检查方法，定标是制定检查标准，定期是设定检查周期，定人是确定点检项目由谁实施。

2. 日常点检的主要内容

日常点检工作的主要内容有设备点检、小修理、紧固、调整、清扫、排水、给油脂、填写使用记录。

3. 定期点检的内容

定期点检的内容包括设备的非解体定期检查，设备解体检查，劣化倾向检查，设备的精度测试，系统的精度检查及调整，油箱油脂的定期成分分析及更换、添加，零部件更换、劣化部位的修复。

4. 点检的十大要素

点检的十大要素包括压力、温度、流量、泄漏、给脂状况、异声、振动、龟裂（折损）、磨损、松弛。

5. 光电综合测试仪参数

光电综合测试仪进行基本曲线测量时，需要进行起始电流、终止电流、步进电流、测试电流、通信接口、点亮电流、时间设置等内容。

二、设备正常运行参数

1. 固晶机系统参数设置

固晶机系统参数设置的内容包含轴参数、图像参数、调试参数、设备参数及综合系统参数设置。

2. 固晶机摆臂上下参数设置

固晶机摆臂上下参数设置的内容包含吸晶位置、固晶位置、顶针高度、点胶、旋转位置、点胶上下位置设置。

3. 焊线机器件参数设置

焊线机参数设置的内容包含步进间距、引线框宽度、步进数、偏移量、支架厚度等设置。

4. 焊线机料盒参数设置

焊线机料盒参数设置的内容包含插槽斜度、插槽高度、料盒高度、插槽数等设置。

第二节　设 备 操 作

一、LED 封装设备的种类、特点和适用范围

1. 扩晶机设备的功能作用

由于 LED 芯片划片后在蓝膜上间距很小约 0.1mm，不利于后续加工。扩晶机的功能可以将蓝膜上的芯片拉伸到 0.6mm 或以上。

2. 光电综合测试设备基本曲线测试

光电综合测试设备可进行电流-电压、电流-光强、电流-光通量三个基本曲线的测试，这些不同的测试内容具有一致的操作流程。

3. 光电综合测试设备的光强分布测试

光强分布部分用于测试 LED 空间光强分布曲线。光电综合测试设备的光强测试标志可调（应对应于自动光强装置状态），提供人性化的操作界面，按钮功能强大。通过参数的设置可进行快速简单测试和高精度的实验室测试，满足各类用户的测试需求。

其操作流程为在进行所有方式的测试操作前，用户必须先进行硬件系统和串口的连接。测试流程如图 3-1 所示。

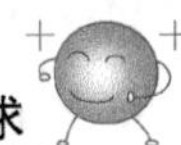

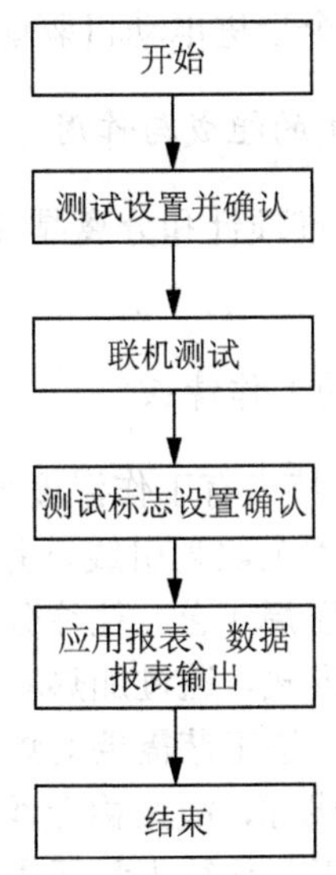

图 3-1　测试操作流程

4. 扩晶环的规格

扩晶环又称字母环，通用规格有 4in、6in、8in、10in（1in=2.54cm）如图 3-2 所示。

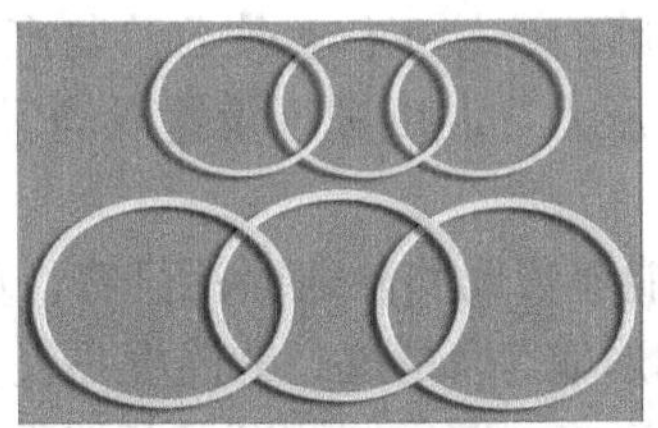

图 3-2　扩晶环实物图

5. LED 自动固晶机光学系统的组成与作用

国产固晶机一般由两套光学系统组成即固晶光学系统和吸晶光学系统。其中，固晶光学系统用于晶片焊接，吸晶光学系统用于晶片的吸取。

6. LED 自动固晶机吸晶摆臂系统的组成与作用

LED 自动固晶机吸晶摆臂系统由拾取头组件和焊臂组成，其中焊臂由两个交流伺服电动机驱动，分别控制旋转及上下运动。

7. LED 自动固晶机点胶系统的组成与作用

LED 自动固晶机点胶系统由点胶头与焊头固定在一起，由两个交流伺服电动机分别驱动点胶臂做旋转及上下运动，一个步进电动机驱动胶盘做旋转运动。

8. LED 自动固晶机推顶器系统的组成与作用

LED 自动固晶机推顶器系统由推顶针和分离晶片的真空吸盘组成。其目的是便于晶片的吸取。

9. LED 自动焊线机（球焊）的工作特点

LED 自动焊线机（球焊）工作特点有工作温度为 200～250℃，所用的压焊劈刀不用加热而由超声振动产生热能，采用金丝为引线，并以球焊形式进行焊接。

在半导体封装领域内的超声波压焊工艺，往往分为热超声和冷超声焊两大类。所谓热超声焊，往往是需要采用加热的方式，通过加热块对工件进行加热，所以焊接温度往往成为需要控制的工艺参数。此外，该工艺需要对焊接金属丝（主要是金线）末端通过火花放电和表面张力作用预先烧制成球，故又称金丝球压焊，所以对放电电流、时间和距离的控制也是要求比较高的。该工艺往往大量运用于大规模、超大规模集成电路的内互联，是一种比较成熟的工艺。

10. LED 焊线设备的键合目的、键合条件

LED 自动焊线机键合的目的是使焊丝在芯片电极和外引线键合区之间形成良好的欧姆接触，完成芯片的内外电路的连接工作，使芯片与产品引脚形成良好的电性能。需要对焊线设备的功率、时间、压力、温度进行设置以确保焊接质量。

键合工艺条件如下。

1）键合温度。键合温度能够帮助移除表面污染物，如潮气、油、水蒸气等；增加分子的活跃程度有利于合金的形成。但是过高的温度不仅会产生过多的氧化物影响键合质量，并且由于热应力应变的影响，图像监测精度和器件的可靠性也随之下降。在实际工艺中，温控系统都会添加预热区、冷却区，提高控制的稳定性。目前 LED 芯片键合机台（以 Eagle60 号为例）键合温度一般设置在 180～250℃。

2）键合机台压力、功率。超声功率使焊线和焊接面松软，产生热能，形成分子相互嵌合合金，改变球形尺寸。超声功率对键合质量和外观影响最大，因为它对键合球的变形起主导作用。过小的功率会导致过窄、未成形的键合或尾丝翘起；过大的功率导致根部断裂、键合塌陷或焊盘破裂。超声功率和键合压力是相互关联的参数。增大超声功率通常需要增大键合力使超声能量通过键合工具更多的传递到键合点处。因此在生产过程中设置键合机台压力和功率参数时，需要将两者密切综合考良，根据机台型号及生产工艺中遇到的实际情况进行灵活设置，努力寻找到最佳的搭配组合。

3）键合时间。键合时间是指控制超声能量作用的时间，通常 LED 芯片键合机台（以 Eagle60 型号为例）时间设置在 8～20ms。一般来说，太短的焊线时间无法形成良好的合金，焊线时间过长是导致拉力不良或芯片电极损伤的原因。键合时间越长，引线球吸收的能量越多，键合点的直径就越大，界面强度增加而颈部强度降低，会使键合点超出

焊盘边界并且导致空洞生成概率增大。因此设置合适的键合时间也显得尤为重要。

11．LED 焊线设备工作环境要求

LED 焊线设备工作环境要求包含车间环境温度 20～25℃，湿度 30%～70%RH；交流电压（AC）220V/50Hz；室内气压与气源气压要求和防静电环境（ESD）要求。

12．LED 点胶机定义与用途

点胶机又称涂胶机、滴胶机等，是专门对流体进行控制，并将流体点滴、涂覆于产品表面或产品内部的自动化机器，起到黏贴、灌封、绝缘、固定、表面光滑等作用。

13．大功率 LED 自动补粉分光机的功能

大功率 LED 自动补粉分光机能快速稳定地测试出 LED 的色温、色标、光通量等光学参数及漏电流值、正向电压值等电学参数，且测试 20 颗联排支架 LED 只需 4～6s 即可完成。

14．大功率 LED 盖透机的用途

大功率 LED 盖透镜机是应用气动动作，将经过点胶（荧光粉）的支架配上胶镜后，同时把 20 粒胶镜压盖到支架上的各个灯珠座内。

15．大功率 LED 压边机设备的目的

大功率 LED 压边机设备压边目的是紧固透镜于大功率 LED 支架上。压边机如图 3-3 所示。

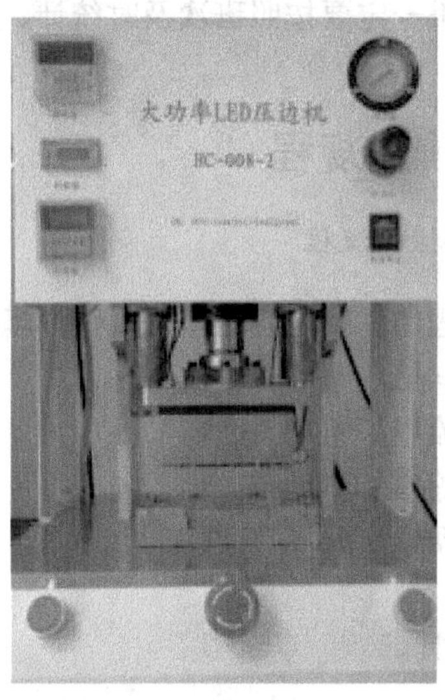

图 3-3　压边机

16. 大功率 LED 分光分色机用途、原理

大功率 LED 分光分色机是用来对 LED 按照发出光的波长（颜色）、光强、电流及电压大小进行分类筛选的设备。工作原理是将 LED 器件从材料输入机构经过导轨机构或定位站精确定位处理，把材料送到测试站，点亮后由光学头将光源进行光学电性检测，然后经过测试仪内部运算处理，与机械同步运行，将不同电压、漏电、亮度和波长的材料，分别输送到对应的 BIN 位（站位）。

二、LED 设备生产指令识读和日报规范要求

1. LED 单管加工配料单定义

LED 单管加工配料单实际是一种用于 LED 封装的生产指令单。

2. LED 单管加工配料单主要内容

LED 封装车间生产所用的加工配料单的主要内容包含生产指令单号、产品型号、订单数与交货日期、生产日期、主要材料与工艺要求、包装要求。

3. 生产日报的主要内容

生产日报的主要内容包含计划单号、订单量、型号与产品编码、生产日期、每小时生产数量、累计生产数量、投产数、投产累计数、直通率、班次、日报统计制作人等内容。

4. 生产日报的要求

LED 封装车间的生产日报一定要按照班次及时统计、签字、生产车间负责人审核并呈计划于生产主管部门。

三、LED 封装设备的操作规程

1. LED 自动固晶机设备操作流程

LED 自动固晶机操作流程的主要内容是做好工作环境、防静电、材料、夹具、芯片扩晶准备才能开始进行固晶作业。

LED 自动固晶机的作业流程如下。

1）参照生产指令单，准备生产物料。

2）将固晶胶（银胶或锡膏）挤入点胶盘。

3）扩晶。

4）将支架放入古固晶夹具。

5）上夹具。

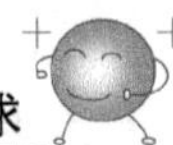

6）上晶片。

7）调整机台参数。

8）先试固 1～2 片，做首件确认，合格后在批量作业，并做自检。

9）将固好晶自检过的材料送制程控制（IPQC）检验。

10）将已检验合格的材料放入烤箱烘烤，烘烤条件:（155±5）℃烘烤 1.5h。

11）工作完成，关机，清洗固晶胶盘，并收拾工作台面。

2. LED 自动焊线设备作业步骤

LED 自动焊线设备作业步骤包含静电准备、材料准备、核对流程单与材料、上料、调整好轨道的高度、支架位置、料盒的各项参数、设置 PR、焊线位置、轨道温度、焊线模式、焊线电流/压力等参数，试焊 1～2 个进行首件确认。

3. LED 焊线设备的操作注意事项

LED 焊线设备操作时应注意作业员必须戴手指套和静电带，做好防静电措施。不能用手接触支架杯边与焊线区，用镊子夹过及手摸过的金线要扯掉。

LED 焊线设备的操作注意事项如下。

1）如果中间有停机的情况如吃饭休息后重新作业,需要进行首检，确认合格后方可大批生产，调机品要在流程单上注明。

2）支架在机台上预热位置待的时间不可超过 1min，及时将入料区平台上空支架盘移走，并补充到出料区。

3）不能用手接触支架杯边与焊线区，用镊子夹过及手摸过的金线要扯掉，不能直接焊线，金线一定要接地。

4）如果焊线机正常生产过程中出现停机报警，若是 PR 问题则在排除后可继续生产，若是虚焊假焊问题则需确认瓷嘴下面的金线有无异常（如金线弯曲变形，金球未烧好等），问题处理后须将此条产品取出集中标示存放，须全检，QC 确认。

5）如果生产有帽沿缺边的产品时，必须领班确认，并在支架的负极上统一标示，以免插支架插反。

6）作业员必须戴手指套和防静电带，做好防静电措施。

4. LED 自动点胶机操作规程

LED 自动点胶机操作规程包含安装固定架，打开气压、电源，在胶管内灌入胶水，固定好胶管，编程，参考点设置，气压设定，开始运行，完成点胶工作后需及时清洗针头，以防针头堵塞。

5. 大功率 LED 补粉测试操作步骤

大功率 LED 补粉测试操作步骤包含打开测试系统软件、测试参数设置、补粉参数设置、补粉测试、用针笔对材料进行增减粉，然后积分球内测试，结果符合要求时，则修粉完成，将修好的材料入烤箱内烧烤。

6. 大功率 LED 分光机器操作步骤

大功率 LED 分光机器操作步骤要求作业人员根据生产单号及客户代码导入分光方案，用大功率标准件校正机台，知会 IPQC 确认是否合格，合格后方可进行分光测试。

四、生产作业规范

1. 大功率 LED 分光分色作业内容与流程

大功率 LED 分光分色作业内容与流程包含开机、设定测试条件、标定分光机、试跑 30～50PCS、设定分光参数、开始分光。

2. 大功率 LED 胶水烘烤作业内容与步骤

大功率 LED 胶水烘烤作业内容与步骤包含开机、设定温度与时间、待温度达到设定值按批次先后放入待烤材料，摆好关紧烤箱门填写烘烤记录表，烘烤时间到后，关电源，待温度下降后将产品按批次取出放入指定区域并将结束时间与温度填入《烘烤记录表》。

3. 大功率 LED 透镜用胶配制作业流程

大功率 LED 透镜用配胶作业流程包含打开电子秤开关、放入配胶杯，并将电子秤数据归零、倒入 A 胶、倒入 B 胶、胶水搅拌、胶水抽真空。

4. LED 荧光粉配制作业流程

LED 荧光粉配制作业流程包含打开电子秤开关、按配比写配粉记录、按配比记录依次加入荧光粉，再倒入 A、B 胶，搅拌荧光粉，搅拌后抽真空。要注意真空机保持干净，做好 5S 工作。

第三节　异 常 处 理

一、设备管理规范要求

（一）设备点检管理四大标准

设备点检管理四大标准由维修技术标准、点检标准、给油脂标准和维修作业标准等四项标准组成，简称四大标准。

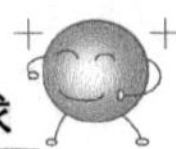

四大标准的建立和完善，是点检定修的制度保证体系，是点检定修活动的科学依据，它将点检工作沿着科学的轨道向前推进。

（二）固晶机安全操作要求

1. 自动固晶机

自动固晶机如图 3-4 所示。

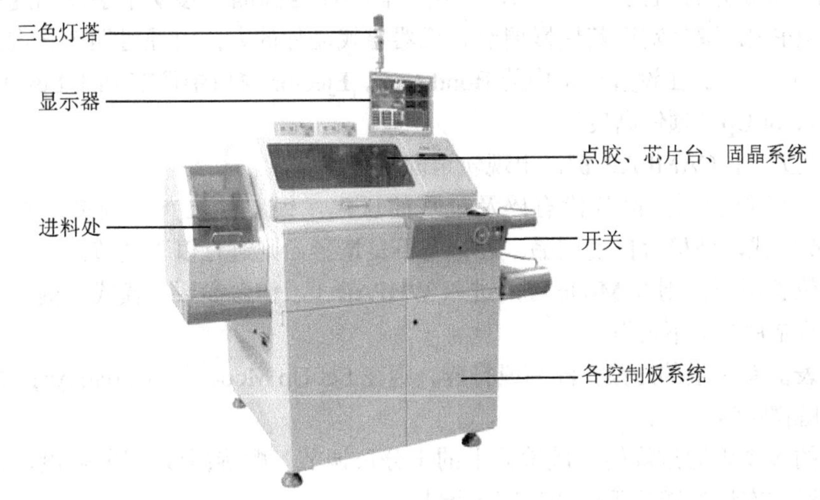

图 3-4　自动固晶机

2. 安全操作规程

（1）开机

1）先按电源开关，待屏幕显示“ASM”移动字幕后，再按电动机开关，机器起动直至显示设置菜单（Set Up Mode）。

2）打开气源。

3）上银胶。

（2）操作

1）做三点一线：在设置菜单中按 ADV RTD 键选择其中的 Bond Arm 和 Eject 选项，调整三点一线即吸嘴、摄像头、顶针在一条线上。

2）上晶片：按 Mode 键，屏幕显示主菜单，选择 Auto Bond（自动固晶模式）→New Wafer（新的晶片环）命令，换上新的晶片环，按 STOP 键。

3）做 PR：单击自动菜单中的 PR System（图像识别系统）按钮，或在设置菜单中选择 PR System 选项，做晶片图像识别。

4）在左边的料仓内放上适量的支架。

5）在右边的上下层升降台上放上两个料盒。

6）机器调整：

① 分片：在自动菜单下按 FIN（功能键）键，按 Load LF（分片）键。

② 步进：在分片的状态下，按 Index（步进）键。

③ 单颗固晶。

按 STOP 键返回自动菜单功能，选择 Single Bond（单颗固晶）命令，进行单颗固晶。在单颗固晶之前，首先按下 CAMEAR/SEL 键（图像显示）出现晶片图像，拨动手柄，使十字线对准初始位置的第一颗晶片，便于有秩序地固晶。移动十字线的速度可通过 JOYSTK/SPEED 键来实现其快慢调节。机器寻找晶片的方向可通过四个方向键来改变（←、→、↑、↓）。在设置菜单中的 Bond Arm、Ejector 窗口中调节 Pick Level（吸晶高度）和 Ejector Up（顶针高度）。

④ 再按一下 CAMEAR 键，出现轨道固晶点图像。

若晶片的位置正，晶片没有碎及过重的压痕，银胶的位置及胶量适宜，则进入 Auto Bond 模式，使机台自动固晶。若存有不良情形，则进行以下调节。

固晶位置不正，则按 Mode 键，进入 WHPAR（工作台参数）模式，键入 S72 调步进，S18 调晶片的上下位置。

晶片表面有过重的压痕，浮高或打碎，则在 Set Up Mode 中的 Bond Arm 中调 Bond Level（固晶高度）。

银胶的多少则通过旋转银胶滚筒上的千分尺调节（顺旋减胶、逆旋加胶）。银胶不正，则可通过右边的键盘下面的按键来调节。

（3）关机

1）在关机之前，首先应停机，然后使屏幕显示设置菜单，在此状态下，先关掉电动机开关，再关电源开关。

2）关掉气源。

3）清理工作台面和清洗机器。

（4）注意事项

1）在打开电源开关及电动机开关后，机器开始自检，需 2～3min，自检完成后显示设置菜单，在此期间只能等待，不可去按键盘，以免死机。

2）在调完步进后，须在 S6 里进行勾爪复位。

3）按四个银胶调节键时，上方的白色开关须打开。

4）在每一层的料盒装满时，其指示灯都会亮，当换上新的料盒时，必须按一下复位开关，使指示灯熄灭。

5）由设备科人员调机。

在调整 Pick Level、Bond Level 时，在显微镜下观察：Pick Level 为 100～500nm；Bond Level 为吸咀刚刚接触到接触面再加 4～10 步；Ejector Level 为正常晶片时不超过一个晶片的高度；蓝光晶片时不超过两个晶片的高度。

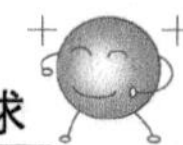

（三）设备安装注意事项

1. 顶封&侧封封装机

（1）安装

1）设备的安装请参考说明书。

2）把机器放置在承重能力大于200kg的工作台上，并用水平规调整水平。

3）把机器的电源与220V单相电源连接，机器的气源管线与0.4～0.7MPa的压缩气源连接。

（2）调试

1）将设备与压缩气管路连接，调节机器的总压力到0.4MPa。

2）将机器接通电源启动，首先切换到手动状态下进行顺序动作，调整气缸上的传感器到合适位置。

3）将转盘在手动状态下进回原点操作，待转盘回到原点后放上夹具校正封头的位置。

4）将温控器的设定温度调到要求值，对机器进行升温。

5）待温度升到设定值后，将机器切换到自动状态进行运作。

6）调整夹具首先用MRB电池进行试做，检查上下封头的平行度和是否有错位情况。

7）如有错位或平行度不良则调节上下封头的可调行程气缸调节高度或移动封头底座的位置进行对位。

8）在移动上下封头的过程中注意要先把封头的温度降下来，确保安全。

9）将机器连续运行2h以上试其各仪表和传动部件的稳定性。

2. 真空抽气封口机（二次封装）

（1）安装

1）每台设备的占地面积约2m^2。

2）设备应安置于水平的地面且四脚要平稳。

3）设备的电源插头应与220V，50Hz的单相电源连接。

4）设备的压缩空气管与0.5～0.7MPa的厂房气源连接，真空管与小于或等于（L－90kPa）的真空源连接。

（2）调试

1）将设备与真空管路、压缩气管路连接，调节机器的总压力到0.6MPa，真空时压力为90kPa。

2）机器电源启动，首先切换到手动状态下进行顺序动作，调整气缸上的传感器到合适位置。

3）将温控器的设定温度调到要求值，对机器进行升温。

4）待温度升到设定值后，将机器切换到自动状态进行运作。

5）将垫板调整到合适位置首先用 MRB 电池进行试做，检查上下封头的平行度和是否有错位情况，如有错位或是平行度不良则调节上封腔的位置以移动封头进行对位。

6）在移动上封腔的过程中注意不要使刺刀受到损伤，要保证刺刀的对位准确、运作顺畅和刺穿效果良好。

7）将机器连续运行 2h 以上试其各仪表和传动部件的稳定性。

（四）设备异常处置方式

1. 机器运行不连贯有中途停止

（1）产生原因

1）起传递动作信号的传感器位置不正确或传感器坏掉导致各动作之间衔接不上而中途停止。

2）封头的温度超标导致温控器报警而终止运行。

3）温控器失灵导致温度失控而报警终止运行。

4）感温线接触不好，在运动过程中传递的信号跳动过大导致报警而终止运行。

5）STAR 键触点接触不良导致的信号传递不及时而产生的不动作或误动作。

（2）解决方法

1）把机器切换到手动状态，按照机器自动状态运作的动作顺序分步动作对好每一个气缸上动作传感器的位置。

2）检查温控器的温度控制偏差是否过小或继电器是否有损坏，如有异常及时校正或更换配件。

3）如温控器坏掉则在关闭电源后可把温控器从面板中抽出换上新的温控器（注意不需要拆接任何电线接头）。

4）切断电源后把相对应的封头腔体拆下，拿出封头，拆下感温线更换。

5）切断电源后把操作板拆下更换按键。

2. 温控器显示出现错误

（1）产生原因

这一般是感温线损坏的表征信号，有时感温线是没有完全断掉，可能在运动的过程中断点会分离，在不动的过程中断点又接触所以在显示器上会跳动或异常显示。

（2）解决方法

切断电源后把相对应的封头腔体拆下，拿出封头，拆下感温线更换。

3. 温度不上升

(1) 产生原因
1) 温控器的设置错误导致加热功能被关闭。
2) 中间继电器损坏，导致加热管没有电流通过。
3) 加热管损坏无法加热。
(2) 解决方法
1) 重新校正温控器。
2) 更换继电器。

4. 真空度不够

(1) 产生原因
1) 总的真空管路系统真空度不够。
2) 拆装封腔过程中没有装配好或密封硅胶损坏而导致密封不良。
3) 真空电磁阀损坏或电磁阀内部电解液过多导致堵塞。
(2) 解决方法
1) 检查管路系统的真空度，确认系统问题后及时找厂方维修。
2) 重新装配封腔，更换密封硅胶。
3) 更换新的电磁阀或拆下电磁阀后清洗电磁阀内腔。

5. 不抽真空

(1) 产生原因
1) 真空电磁阀的电感线圈损坏导致电磁阀没有动作。
2) 上压腔的气缸动作传感器损坏或没有感应到而导致电磁阀没有指令信号。
3) 真空表的设置错误导致信号终止。
(2) 解决方法
1) 更换电磁阀的电感线圈。
2) 更换传感器或重新调整传感器的位置。
3) 重新校正真空表的设置。

二、品质异常处理的规范要求

(一) 品质异常处理的流程

1. 品质异常处理

(1) 品质异常处理流程图
品质异常处理流程，如图 3-5 所示。

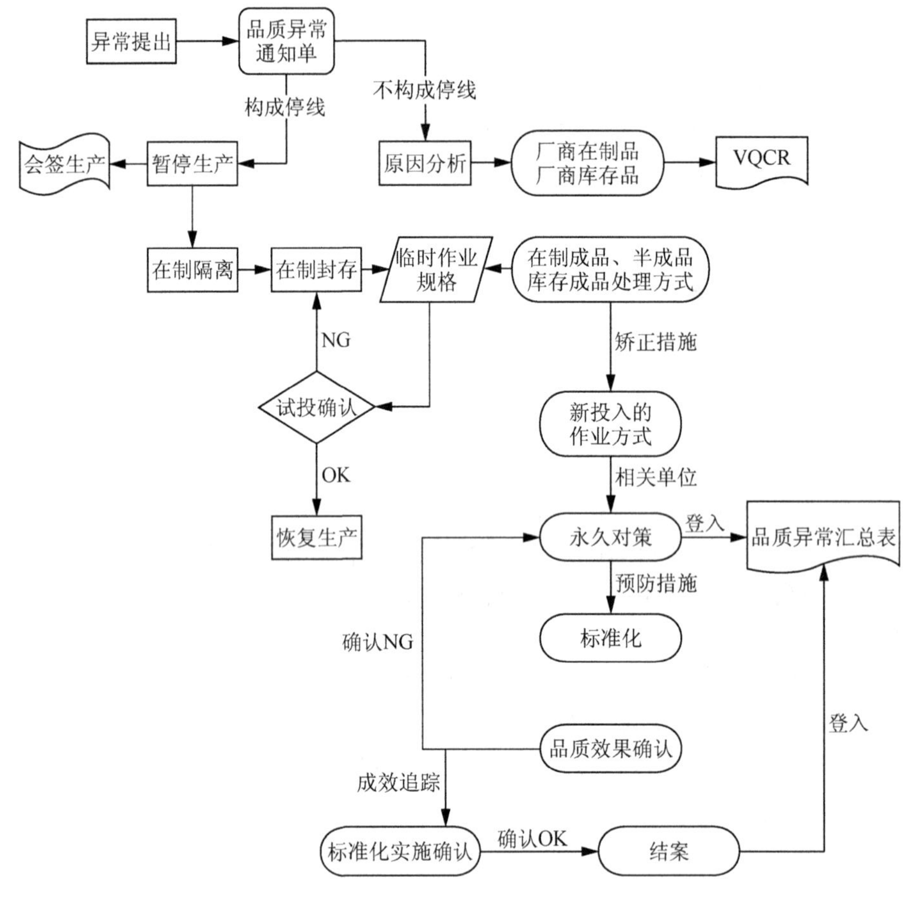

图 3-5　品质异常处理流程

（2）品质异常提报时机

1）制程控制（IPQC）、最终检验（FQC）批检不合格时。

2）IPQC、FQC 任何阶段同样问题重复发生时。

3）同一批产品连续三次检验不合格时。

4）IPQC 首件不合格时。

5）IPQC 制程巡检时发现任何影响产品品质事项或存在潜在品质隐患时。

6）信赖度试验不合格时。

2. 生产异常处理

生产异常提报时机如下。

1）生产作业没有指导规格或规格不能正确指导作业时。

2）没有设备、治具或设备、治具不合格导致不能正常生产时。

3）按规定的作业方法作业困难或达不到预期的效果时。

4）原物料缺少或延迟上线，使生产周期变短，造成出货达成困难时。

5）其他一些影响正常生产的问题，有需要提报异常时。

6）因制程原因或人为原因而影响产品品质时。

7）原物料不良而影响产品品质时。

8）生产自检发现良率低于目标值2%以上时或其他任何适合需要品质异常提报时。

3. 品质及生产异常等级界定和处理期限

（1）特急

1）原物料不符合承认规格或不良率达到 10%且会导致立即停线；信赖度极差及其他有重大影响之异常，要求相关部门人员立即到现场处理并在 4h 内完成。

2）当收到客户投诉时，由品保部开立品质异常通知单或停线通知单并立即暂停 WIP（在制品）的生产及成品出货。

（2）重大

对生产造成重大影响，良品率低于 95%。必要时开出停线通知单，要求相关部门人员立即到现场处理且 4h 内完成。

（3）一般

对生产有影响，良品率达不到目标值但有临时解决方法，不至于降低产品品质与信赖度并可基本生产的异常。要求相关部门人员立即到现场处理且在 2d 内完成；产线有特急或重大异常时，异常品需按产品工程（PE）或品质工程（QE）的短期对策进行作业。

4. 异常处理流程

1）异常发出部门需填写好异常处理单中接收部门（一般为生产部、品质部、计划部、工程部等）、产品型号、工单号、发生地点、发生时间、不良数据与不良率、不良程度、问题描述、要求回复时间等内容。

2）异常内容填写完后将异常单交品质部 IPQC 确认所填写内容真实性。

3）IPQC 确认合格后，再将异常单交品质部 QE 评审。

4）品质部 QE 收到此单后，5min 内对异常问题是否属实，异常类别、严重程度进行确认，根据确认结果召集相关责任人在 10min 内到现场分析处理。

5）相关人员到达现场后，根据异常内容展开分析，生产技术人员在 30min 内制定临时对策以满足生产需求，对同一工单和同类产品在各工段的产品数据信息收集统计并决议处理方案；如果无法在 30min 给出应对措施或无法找到异常原因，品保部要求生产立即停线处理，并召集物料计划控制（PMC）人员、工程主管到现场解决，如果在 4h 内无解决方案，品质部 QE 工程师立即通知总经理、销售经理。

6）生产技术人员在制定出临时对策后，临时对策及解决方案需签字有效，QE 要对临时对策执行有效性进行确认，如对策无效，由生产技术人员在 30min 内重新制定新的临时对策。

7）对策执行完成后，制造部进行损失工时统计。并将数据记录于生产报表中交财务和 PMC 统计。

8）问题定位分析后 QE 将此单交相关责任部门在 2 个工作日内对造成异常原因进行分析，并制定永久改善对策。需要通过实验验证，由责任部门主导进行实验，实验后订出永久改善对策并将此单交品质部 QE。

9）永久改善对策完成后由品质部 QE 将此异常单交对策实施部门进行实施，对实施过监控，对实施效果进行验证确认，合格（OK）后，此异常可结案，验证确认不合格（NG）时，重新返回责任部门进行永久对策制定，对无条件验证的需每月持续统计，寻求验证机会。

（二）异常处理的各部门职责

异常是指在制程过程中产品（材料）不良率达到或超过相关文件所规定的有效值或重大质量事故时。

1. 异常分类

异常可分为品质异常和生产异常

品质异常：产品品质、信赖度存在潜在隐患；品保批检、巡检、确认首件时发现的任何不良现象。

生产异常：生产作业时发现的影响产线生产作业良率（低于良率目标值 2%以上时）、效率的不良现象。

2. 异常处理的各部门权责

生产部：生产部负责异常提报、及时改善；异常对策的执行；负责生产异常《品质异常通知单》的提报，不良品标示和隔离及异常损耗统计；异常改善措施的实施与不良品的返修处理。

品保部：负责品质异常品质异常通知单的提报及异常情况的确认、评审、分析；组织改善措施的制定、改善过程对策执行跟进，改善效果验证及整个流程运作的监督跟进，组织原因排查等。当发生特急异常或重大异常时，负责停线通知单的提报，限度样品的制定；来料质量检测（IQC）人员负责对供应商进料不良的改善追踪，效果确认。

PE 部：负责对异常责任归属的确认，组织原因分析讨论与对策汇总，制程异常短期处置方法及临时改善对策；改善过程跟进以及长期改善标准文件的提供。

工程部：负责结构设计、物料规格、产品信赖度异常处置及长期改善对策的制定。

资材部：负责异常物料处理，生产排产重新确认及相关联络事宜。

三、液压气动

（一）液压传动的基本原理

1. 液压传动定义及特点

液压传动是用液压油作为工作介质，通过动力元件（液压泵），将发动机的机械能转换为油液的压力能，通过管道、控制元件，借助执行元件，将油液的压力能转换成机械能，驱动负载，实现直线或回转运动。

其本质上是一种能量的转换装置，把机械能转换为便于输送的液压能，后又将液压能转换为机械能做功。

液压传动的基本特点如下。

1）以液体为传动介质。

2）由于液体没有固定形状，但有一定体积，因此这种传动必须在密封容器内进行。

3）液体只能受压力，不能受其他应力，所以这种传动是靠受静压力的液体进行的。

2. 液压传动系统的组成及各部分的基本功能

1）动力元件：即液压泵，将原动机输入的机械能转换为流体介质的压力能，作用是为液压系统提供压力油，是系统的动力源。

2）执行元件：即液压缸或液压电动机，是将压力能转换为机械能的装置，作用是在压力油的推动下输出力和速度，以驱动工作部件。

3）控制元件：各种阀类、溢流阀、节流阀、换向阀等，控制液压系统中油液的压力、流量、流动方向，以保证执行元件完成预期的工作。

4）辅助元件：管系元件、油箱、过滤器、冷却器和加热器、蓄能器及密封装置和控制仪表等，作用是提供必要的条件使系统得以正常地工作和便于检测控制。

5）工作介质：即传动液体，通常称为液压油液压系统，是通过工作介质来实现运动和动力传递的。

3. 液压传动的优缺点

（1）优点

1）液压传动能方便的实现无级调速，调速范围大。

2）在相同功率情况下，液压传动能量转换元件体积小，质量轻。

3）工作平稳，换向冲击小，便于实现频繁的换向。

4）便于实现过载保护，而且工作油液能使传动零件实现自润滑，故使用寿命长。

5）操纵简单，便于实现自动化。

6）液压元件易实现系列化、标准化和通用化。

（2）缺点

1）液压传动中的泄露和液体的可压缩性使传动无法保证严格的传动比。

2）液压传动有较多的能量损失（泄露和摩擦），传动效率不高，不宜远距离传动。

3）对油温的变化比较敏感，不宜在很高和很低的温度下工作。

4）液压传动出现故障不易检查故障原因。

4. 液压传动用工作液体的作用

工作液体是能量的载体，其基本功能除进行能量的转换和传递外，还具有对液压元件的润滑、防止零件的锈蚀和对液压传动系统的冷却作用。

5. 一部完整的机器的组成

一部完整的机器一般都是由动力源、传动装置、操作（或控制）装置及工作（或执行）机构四个部分组成的。

6. 液压冲击

由于液动液体和运动部件惯性使系统内压力在某一瞬时突然急剧上升，形成一个压力峰值，这种现象称为液压冲击。

7. 液压泵及结构种类

液压泵是液压系统的动力元件，它是一种将输入的机械能转变为液体压力能的能力转换装置。液压泵按结构分为齿轮泵、叶片泵和柱塞泵。

8. 液压电动机分类

按结构不同分类：齿轮液压电动机、叶片液压电动机、柱塞液压电动机。

按转速大小分类：高速液压电动机、低速液压电动机。

按排量调节分类：定量液压电动机、变量液压电动机。

9. 液压缸中常见的缓冲装置与排气装置

常见的缓冲装置有可调节流缓冲装置、可变节流缓冲装置、间隙缓冲装置。液压系统中混入空气后，其工作不稳定，产生振动、噪声、低速爬行及起动时突然前冲现象。因此，在设计液压缸时必须考虑空气的排除。

液压缸的排气装置：一种是在缸盖的最高部位开排气孔，用长管道接向远处排气阀排气；另一种是在缸盖最高部位安放排气塞。

液压缸外泄漏严重的原因如下。

1）密封件装配不当成装错。

2）液压缸两端盖压紧螺钉太松。

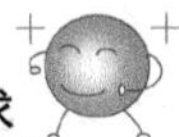

3）管接头松动。

4）油液黏度过小。

5）油温过高。

10. 液压控制阀及作用

在液压系统中用于控制液体压力、调节流量和改变方向的元件统称为液压控制阀。液压控制阀可以控制液压执行元件的开启、停止及换向，调节它的运动速度和输出的力或力矩，对液压系统或液压元件进行保护等。

液压控制阀根据连接方式可分为管式连接、板式连接、法兰式连接、集成式连接。

11. 溢流阀的基本功能及主要用途

（1）基本功能

溢流阀的基本功能是利用其阀口的溢流，使被控制液压系统或回路的压力维持恒定，以实现调压、稳压和限压。通常把阀口长开的称为溢流阀，把阀口长闭的称为安全阀。

（2）主要用途

1）用做溢流阀使系统恒定。

2）用做安全阀起过载保护作用。

3）用做卸荷阀使液压泵及系统卸荷。

4）进行远程调压。

12. 减压阀和溢流阀工作原理的区别

1）溢流阀起溢流稳压作用，减压阀起减压作用。

2）溢流阀使进口压力保持恒定，当压力油低于调定值时，溢流阀口是常闭的；而减压阀则无论在压力低于或高于调定值，阀口都是常开的。

3）在油路中溢流阀是并联连接，而减压阀则是串联连接。

4）溢流阀的出口接油箱，减压阀的泄油口接油箱。

13. 液压系统中油箱及过滤器

在液压系统中，油箱的主要功能是储存工作液体，散发工作液体中（液压油）的热量，分离工作液体中的气体和沉淀工作液体中的杂质等。

工作介质中不可避免地存在杂质。这些杂质会引起相对运动零件划伤、磨损甚至卡死，堵塞节流阀和管道小孔，影响系统的工作性能并造成故障。因此，对工作介质过滤是十分必要的。

14. 密封装置的作用

密封装置的作用是防止内部工作液体泄露及防止外部灰尘、杂质、水分等污染物的侵入。

15. 流量阀的基本功能

流量阀的基本功能是控制输入液动机的流量，以满足工作机构对运动速度的要求。

16. 压力表选用及安装

用压力表测定压力时，被测压力不应超过压力表量程的 3/4。压力表必须直立安装。压力表接入压力管道时，应通过阻尼小孔，以防止被测压力突然升高而将表冲坏。

17. 系统运转不起来或压力提不高与液压油的关系及处理

系统运转不起来或压力提不高，与液压油的关系为黏度过高、黏度过低和泄漏太多等。处理方法是用指定黏度的液压油。

（二）气压传动基础知识

1. 气压传动概述

气压传动是一种动力传动形式，也是一种能量转换装置，它利用气体的压力来传递能量，与机械传动相比有很多优点，所以近十几年来发展速度很快。气压传动的动力传递介质是来自于取之不尽的空气，环境污染小，工程实现容易，气动行业已成为工业国家发展速度最快的行业之一。

2. 空气的性质

空气的含量表如表 3-1 所示。

1）干空气：不含水蒸气的空气。

2）湿空气：含有水蒸气的空气。

表 3-1 空气的含量表

成　分	氮	氧	氩	二氧化碳	其他气体
体积分数/%	78.03	20.93	0.932	0.03	0.078
质量分数/%	75.50	23.10	1.28	0.045	0.075

3. 气动系统的基本组成

气动系统的基本组成如图 3-6 所示。

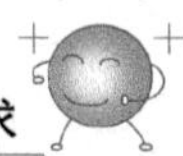

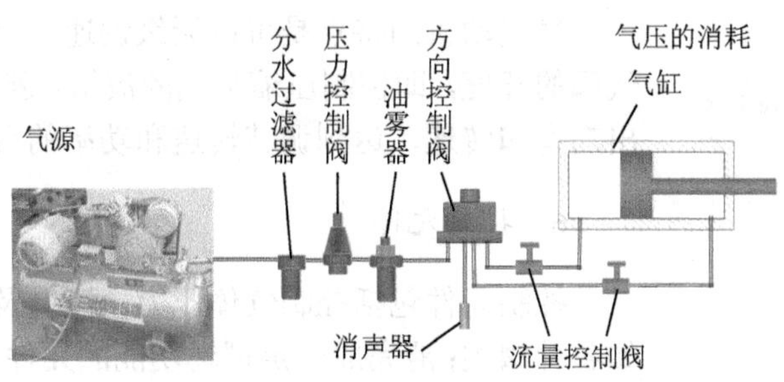

图 3-6　气动系统的基本组成图

4. 气源装置

气源装置是压缩空气的发生装置及压缩空气的存储、净化的辅助装置。它为系统提供合乎质量要求的压缩空气。

（1）气源装置的组成

气源装置由以下四部分组成。

1）气压发生装置空气压缩机。

2）净化、储存压缩空气的装置和设备。

3）管道系统。

4）气动三联件。气动三联件是气动元件及气动系统使用压缩空气质量的最后保证，为分水过滤器、油雾器和减压阀。分水过滤器的作用是除去空气中的灰尘、杂质，并将空气中的水分分离出来；油雾器是特殊的注油装置；减压阀是起减压和稳压作用。

（2）气罐作用

1）消除压力脉动。

2）依靠绝热膨胀及自然冷却降温，进一步分离掉压缩空气中的水分和油分。

3）储存一定量的压缩空气，一方面可解决短时间内用气量大于空压机输出量的矛盾；另一方面可在空压机出现故障或停电时，维持短时间的空气，以便采取措施，保证气动设备的安全。

5. 执行元件

执行元件指将气体压力能转换成机械能并完成做功动作的元件，如气缸、气电动机。

1）气缸是气压传动中的气动执行元件。将压缩空气的压力能转换为机械能，驱动机构做直线往复运动、摆动和旋转运动。做往复直线运动的气缸又可分为单作用、双作用、膜片式和冲击气缸四种。气缸实物图如图 3-7 所示。

2）气电动机（有时也叫气泵）是以压缩空气为工作介质的原动机，它是采用压缩气体的膨胀作用，把压力能转换为机械能的动力装置。

气电动机按结构类型分为叶片式、活塞式及齿轮式气电动机；各类型气电动机按体积又可分为标准型和紧凑型两类。

图 3-7　气缸实物图

气电动机的特点是可以无级调速。只要控制进气阀或排气阀的开度，即控制压缩空气的流量，就能调节电动机的输出功率和转速，达到调节转速和功率的目的。

6. 控制元件

控制元件包括控制气体压力、流量及运动方向的元件，如各种阀类；能完成一定逻辑功能的元件，即气动逻辑元件；感测、转换、处理气动信号的元件，如气动传感器及信号处理装置。

（1）气动控制阀

1）单向型控制阀：气流只能单方向流动。电气符号：

2）梭阀（或门）。结构特点：有两个输入口，一个输出口，相当于两个单向阀组成的阀。电气符号：

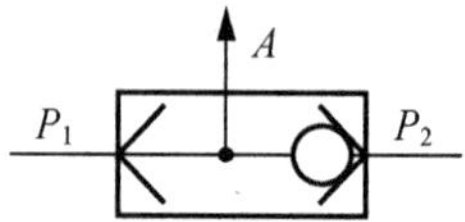

其中，P_1、P_2 为输入品，A 为输出口。

（2）气动逻辑元件

通过元件内部的可动部件的动作改变气流方向来实现一定逻辑功能的气动控制元件。

7. 气动辅件

气动辅件包括气动系统中的辅助元件，如油雾器、消声器、转换器等。

（1）油雾器

油雾器是一种特殊的注油装置。

（2）消声器

消声器是通过阻尼或增加排气面积来降低排气速度和功率，从而降低噪声的。

（3）转换器

1）气-电转换器及电-气转换器，如压力继电器、电磁换向阀。

2）气-液转换器，如气液阻尼缸。

8. 气源处理元件

（1）空气过滤器

空气过滤器（分水过滤器）的原理为从入口流入压缩空气，经导流切线方向的缺口强烈旋转，液态油水及固杂质受离心力作用，被甩到水杯的内壁上，再流到底部，除去液态油水和杂质的压缩空气，通过滤芯进一步清除微小固态颗粒，然后从出口流出。

（2）减压阀

1）减压阀（调压阀）分类。按调节压力的方式分为直动式减压阀和先导式减压阀两种，而直动式减压阀又分溢流式、恒量排气式和非溢流式三种。

溢流式减压阀的工作原理是靠进气阀口的节流作用减压，靠膜片上的平衡作用稳定输出压力，调节旋钮可使输出压力在规定范围内任意改变。溢流式减压阀的工作原理与其他直动式减压阀基本相同，所用的调压空气是由小型的直动式减压阀供给的。

先导式减压阀的工作原理是当减压阀的输出压力较高或配管口径很大时用调压弹簧直接调压，则弹簧要过硬，流量变化时输出压力波动较大，阀的结构尺寸会很大，为了克服这些缺点可采用先导式减压阀。

2）减压阀的选择和使用。选择使用减压阀应考虑的几点：①要求减压阀精度高时应选用精密型减压阀；要求减压阀精度不高时应选用普通型减压阀。②确定阀的类型后由所需最大输出量选择通径，决定阀的气源压力时应使其大于最高输出压力 0.1MPa。③按气流的流动方向首先安装分水滤气器，其次是减压阀最后是油雾器。④减压阀不用时要把旋钮放松，旋转回零以免膜片变形。

四、传感器知识

从广义上讲，传感器就是能感知外界信息并能按一定规律将这些信息转换成可用信号的装置；简单说传感器是将外界信号转换为电信号的装置。所以它由敏感元器件（感知元件）和转换元器件两部分组成，有的半导体敏感元器件可以直接输出电信号，本身就构成传感器。

敏感元器件品种繁多，就其感知外界信息的原理来讲，可分为物理类、化学类和生物类。物理类是基于力、热、光、电、磁和声等物理效应。化学类是基于化学反应的原理。生物类是基于酶、抗体和激素等分子识别功能。通常据其基本感知功能可分为热敏元器件、光敏元器件、气敏元器件、力敏元器件、磁敏元器件、湿敏元器件、声敏元器件、放射线敏感元器件、色敏元器件和味敏元器件十大类。下面对常用的热敏、光敏、气敏、力敏和磁敏传感器及其敏感元器件进行介绍。

（一）温度传感器及热敏元器件

温度传感器主要由热敏元器件组成。热敏元器件品种较多，有双金属片、铜热电阻、铂热电阻、热电偶及半导体热敏电阻等。

1. 半导体热敏电阻的工作原理

按温度特性热敏电阻可分为两类，随温度上升电阻增加地为正温度系数热敏电阻，反之为负温度系数热敏电阻。

（1）正温度系数热敏电阻的工作原理

此种热敏电阻以钛酸钡（$BaTiO_3$）为基本材料，再掺入适量的稀土元素，利用陶瓷工艺高温烧结而成。当温度低时，由于半导体化钛酸钡内电场的作用，导电电子可以很容易越过位垒，所以电阻值较小；当温度升高到居里点温度（一般钛酸钡的居里点为 120℃）时，电阻值的急剧增加。因为这种元件具有恒温、调温和自动控温的功能，电压交、直流 3～440V 均可，使用寿命长，非常适用于电动机等电器装置的过热探测。

（2）负温度系数热敏电阻的工作原理

负温度系数热敏电阻是以氧化锰、氧化钴、氧化镍、氧化铜和氧化铝等金属氧化物为主要原料，采用陶瓷工艺制造而成。负温度系数热敏电阻使用区分低温（－60～＋300℃）、中温（300～600℃）、高温（＞600℃）三种，有灵敏度高、稳定性好、响应快、寿命长、价格低等优点，广泛应用于需要定点测温的温度自动控制电路，如冰箱、空调、温室等的温控系统。

2. 热敏电阻的型号

我国国产热敏电阻的型号，由如下四部分组成。

第一部分：主称，用字母 M 表示敏感元件。

第二部分：类别，用字母 Z 表示正温度系数热敏电阻器，用字母 F 表示负温度系数热敏电阻器。

第三部分：用途或特征，用一位数字（0～9）表示。一般数字 0 表示特殊型（负温度系数热敏电阻器），1 表示普通用途，2 表示稳压用途（负温度系数热敏电阻器），3 表示微波测量用途（负温度系数热敏电阻器），4 表示旁热式（负温度系数热敏电阻器），5 表示测温用途，6 表示控温用途，7 表示消磁用途（正温度系数热敏电阻器），8 表示线性型（负温度系数热敏电阻器），9 表示恒温型（正温度系数热敏电阻器）。

第四部分：序号，也由数字表示代表规格、性能。

例如：M Z 1 1。

3. 热敏电阻器的主要参数

热敏电阻的主要参数有标称电阻值、使用环境温度（最高工作温度）、测量功率、额定功率、标称电压（最大工作电压）、工作电流、温度系数、材料常数、时间常数等。

4. 实验用热敏电阻选择

实验用热敏电阻首选普通用途负温度系数热敏电阻器，因它随温度变化一般比正温度系数热敏电阻器易观察，电阻值连续下降明显。

5. 几种实用测温传感器

1）空调内专用温控传感器热敏元件封在铜金属中。
2）气温测量传感器。

（二）光传感器及光敏元器件

光传感器主要由光敏元器件组成。目前光敏元器件主要有光敏电阻器、光敏二极管、光敏晶体管、光电耦合器和光电池等。

1. 光敏电阻器

光敏电阻器由能透光的半导体光电晶体构成，因半导体光电晶体成分不同，又分为可见光光敏电阻（硫化镉晶体）、红外光光敏电阻（砷化镓晶体）和紫外光光敏电阻（硫化锌晶体）。

2. 光敏电阻的主要参数

1）光电流、亮阻：在一定外加电压下，当有光（100lx 照度）照射时，流过光敏电阻的电流称光电流；外加电压与该电流之比为亮阻，一般几千欧姆至几万欧姆。
2）暗电流、暗阻：在一定外加电压下，当无光（0 lx 照度）照射时，流过光敏电阻的电流称暗电流；外加电压与该电流之比为暗阻，一般几十万欧姆至几百万欧姆以上。
3）最大工作电压：一般几十伏至上百伏。
4）环境温度：一般－25～＋55℃，有的型号可以达到－40～70℃。
5）额定功率（功耗）：光敏电阻的亮电流与外电压乘积；可有 5～300mW 多种规格选择。

另外，光敏电阻的主要参数还有响应时间、灵敏度、光谱响应、光照特性、温度系数、伏安特性等。

3. 光敏二极管的特性

光敏二极管和普通二极管相比，其管芯也是一个 PN 结、具有单向导电性能。光敏二极管的特点有首先，管芯内的 PN 结结深比较浅（小于 1μm），以提高光电转换能力；其次 PN 结面积比较大，电极面积则很小，以有利于光敏面多收集光线；第三，光敏二极管在外观上都有一个用有机玻璃透镜密封、能汇聚光线于光敏面的“窗口”；所以光敏二极管的灵敏度和响应时间远远优于光敏电阻。

4. 光敏二极管的优缺点

光敏二极管的优点是线性好，响应速度快，对宽范围波长的光具有较高的灵敏度，噪声低；缺点是单独使用输出电流（或电压）很小，需要加放大电路。适用于通信及光电控制等电路。

5. 光敏二极管的检测

光敏二极管的检测可用万用表 $R\times1k$ 挡，避光测正向电阻为 10～200 kΩ，反向应趋于∞，去掉遮光物后向右偏转角越大，灵敏度越高。

光敏晶体管可以视为一个光敏二极管和一个晶体管的组合元器件，由于具有放大功能，所以其暗电流、光电流和光电灵敏度比光敏二极管要高得多，但结构原因使结电容加大，响应特性变坏。

（三）气敏传感器及气敏元器件

由于气体与人类的日常生活密切相关，对气体的检测已经是保护和改善生态居住环境不可缺少手段，气敏传感器发挥着极其重要的作用。CO 敏感元器件，能够探测 0.005%～0.5%范围的 CO 气体。半导体气敏传感器具有灵敏度高、响应快、稳定性好、使用简单的特点，应用极其广泛。

半导体气敏元器件有 N 型和 P 型之分。N 型在检测时阻值随气体浓度的增大而减小；P 型阻值随气体浓度的增大而增大。目前国产的气敏元件有两种。一种是直热式，加热丝和测量电极一同烧结在金属氧化物半导体管芯内；另一种是旁热式气敏元器件，以陶瓷管为基底，管内穿加热丝，管外侧有两个测量极，测量极之间为金属氧化物气敏材料，经高温烧结而成。

气敏元器件的参数主要有加热电压和电流、测量回路电压、灵敏度、响应时间、恢复时间、标定气体（0.1%丁烷气体）中电压、负载电阻值等。QM-N5 型气敏元器件适用于天然气、煤气、氢气、烷类气体、烯类气体、汽油、煤油、乙炔、氨气、烟雾等的检测，属于 N 型半导体元器件。灵敏度较高，稳定性较好，响应和恢复时间短，市场上应用广泛。

（四）力敏传感器和力敏元器件

力敏传感器的种类很多，传统的测量方法是利用弹性材料的形变和位移来表示的。随着微电子技术的发展，利用半导体材料的压阻效应（即对其某一方向施加压力，其电阻率就发生变化）和良好的弹性，已经研制出体积小、质量轻、灵敏度高的力敏传感器，广泛用于压力、加速度等物理力学量的测量。

（五）磁敏传感器和磁敏元器件

目前磁敏元器件有霍尔器件（基于霍尔效应）、磁阻器件（基于磁阻效应：外加磁场使半导体的电阻随磁场的增大而增加）、磁敏二极管和晶体管等。

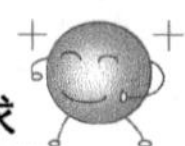

（六）红外传感器

红外线传感器（Infrared Transducer）是利用红外线的物理性质来进行测量的传感器。红外线又称红外光，它具有反射、折射、散射、干涉、吸收等性质。红外传感器是基于红外线辐射原理，红外线的波长在 0.76～1000μm，频率的范围为（3×1011）～（4×1014Hz）之间。任何物质，只要其本身具有一定的温度（高于绝对零度），都能辐射红外线。红外线传感器测量时不与被测物体直接接触，因而不存在摩擦，并且有灵敏度高、响应快等优点。红外线传感器包括光学系统、检测元件和转换电路。红外传感器根据探测机理可分成光子探测器（基于光电效应）和热探测器（基于热效应）。

第四章　封装设备维护保养

第一节　封装设备维护保养及相关工具使用

一、LED 封装设备、辅助设备的维护保养知识

LED 封装设备、辅助设备的维护保养如表 4-1 所示。

表 4-1　LED 封装设备维护保养

维护保养项目	维护保养内容	维护保养目标（周期）
机器的外部清洁	清除机床表面污物、异物，清理周边环境卫生	保持机床外观、台面清洁，保持周边环境卫生干净整洁（每天）
滑杆/螺杆清洁	用布擦拭干净，再上油	避免发生机械动作不良（每月）
电控内部清理	清理电控工作区及四周	保证干净整洁，避免短路（每天）
空气过滤清理	清洗过滤器，定期放水	避免污垢产生（每月）
机器定期检查	检查：工作台、机床表面，开关，导轨润滑油箱，主轴润滑恒温油箱，动作部，气压、液压系统，压缩空气气源压力，气源自动分水过滤器，自动空气干燥器，气液转换器和增压器油面，导轨面，输出单元，各防护装置，电气柜各散热通风装置	避免机器在不良的状态下工作（每月）
机械转动及电气部分保养	润滑装置擦拭，一般 30 天需上油。油品牌号为 NSK、NSL，电气控制箱 滑杆/螺杆清洁，定期上油 轴承保养，检查是否损坏，上油 连接装置检查，管路及接头紧固 各电气部分检查，电缆及接线端子，连锁装置等检查	保证设备的正常运转，延长使用寿命（每月）
空气压缩气回路	检查气源三联件，检查环境湿度，在空压机出口加干燥剂，定期排水，清洗气动柜内的空气过滤器滤心	保证空气压缩气回路顺畅和清洁（每月）

设备维护保养的内容是保持设备清洁、整齐、润滑良好、安全运行，包括及时紧固松动的紧固件，调整活动部分的间隙等。简言之，即“清洁、润滑、紧固、调整、防腐”十字作业法。实践证明，设备的寿命在很大程度上决定于维护保养的好坏。维护保养依工作量大小和难易程度分为日常保养、一级保养、二级保养、三级保养等。

日常保养，又称例行保养。其主要内容是进行清洁、润滑、紧固易松动的零件，检查零件、部件的完整。这类保养的项目和部位较少，大多数在设备的外部。

一级保养。其主要内容是普遍地进行拧紧、清洁、润滑、紧固，还要部分地进行调整。日常保养和一级保养一般由操作工人承担。

二级保养。其主要内容包括内部清洁、润滑、局部解体检查和调整。

三级保养。其主要是对设备主体部分进行解体检查和调整工作，必要时对达到规定

磨损限度的零件加以更换。此外，还要对主要零部件的磨损情况进行测量、鉴定和记录。

二级保养、三级保养在操作工人参加下，一般由专职保养维修工人承担。

二、常用仪器仪表的使用

（一）数字万用表

1. 数字万用表的特点

数字万用表的显示位数通常为3½位～8½位。具体讲，有3½位、3⅔位、3¾位、4½位、4¾位、5½位、6½位、7½位、8½位共九种。

数字万用表虽然种类繁多、型号各异，但归结起来有以下特点。

1）数字显示直观准确，无视觉误差，并具有极性自动显示功能。

2）测量精度和分辨率很高。

3）输入阻抗高，对被测电路影响小。

4）电路集成度高，便于组装和维修。

5）测量功能齐全，测量速率快。

6）保护功能齐全，有过电压、过电流保护电路。

7）功耗低，抗干扰能力强。

8）便于携带，使用方便。

2. 数字万用表的使用方法

操作时首先将ON-OFF开关置于ON位置。检查9V电池，如果电压不足，需更换电池。数字万用表如图4-1所示。

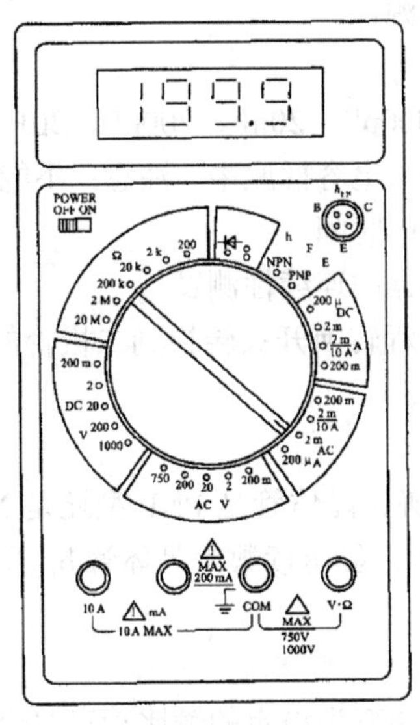

图4-1　数字万用表

（1）直流电压（DC V）测量

将量程转换开关置于 DCV 范围，并选择量程，其量程分为五挡：200mV、2V、20V、200V、1000V。测量时，将黑表笔插入 COM 插孔，红表笔插入 V•Ω插孔，测量时若显示器上显示“1”则表示过量程，应重新选择量程。

（2）交流电压（AC V）测量

将量程转换开关置于 AC V 范围，并选择量程，其量程分为五挡：200mV、2V、20V、200V、750V。测量时，将黑表笔插入 COM 插孔，红表笔插入 V•Ω插孔，测量时不允许超过额定值，以免损坏内部电路。显示值为交流电压的有效值。

（3）直流电流 DC A 测量

将量程转换开关转到 DC A 位置，并选择量程，其量程分为四挡：2mA、20mA、200mA、10A。测量时，将黑表笔插入 COM 插孔，当测量最大值为 200mA 时，红表笔插入 mA 插孔；当测量最大值为 20A 时，红表笔插入 10A 插孔。注意：测量电流时，应将万用表串联在被测电路中。

（4）交流电流（AC A）测量

将量程转换开关转到 AC A 位置，选择量程，其量程分为四挡：2mA、20mA、200mA、10A。测量时将测试表笔串人被测电路，黑表笔插入 COM 插孔，当测量最大值为 200mA 时，红表笔插入 mA 插孔；当测量最大值为 20A 时，红表笔插入 10A 插孔。显示值为交流电压的有效值。

（5）电阻测量

电阻挡量程分为七挡：200Ω、2kΩ、20kΩ、200kΩ、2MΩ、20MΩ。测量时，将量程转换开关置于Ω量程。将黑表笔插入 COM 插孔，红表笔插入 V•Ω插孔。注意：在电路中测量电阻时，应切断电源。

（6）电容测量

电容挡量程分为五挡：2000pF、20nF、200nF、2μF、20μF。测量时，将量程转换开关置于 F 处，将被测电容插入电容插座中，注意：不能利用表笔测量。测量容量较大的电容时，稳定读数需要一定的时间。

（7）二极管测试及带蜂鸣器的连续性测试

测试二极管时，只得将量程转换开关转换到二极管的测试端（蜂鸣器端），显示器显示二极管的正向压降近似值。

（8）晶体管 h_{FE} 测量

量程开关置于 h_{FE} 挡位。确认晶体管是 PNP 型还是 NPN 型，将晶体管分别插入测试插座对应的 E、B、C 插孔中。显示读数为晶体管 h_{FE} 的近似值。

（二）直流稳压电源

直流稳压电源是将交流电转变为稳定的输比功率符合要求的直流电的设备。直流稳压电源通常由电源变压器、整流电路、滤波器和稳压电路四部分组成，如图 4-2 所示。

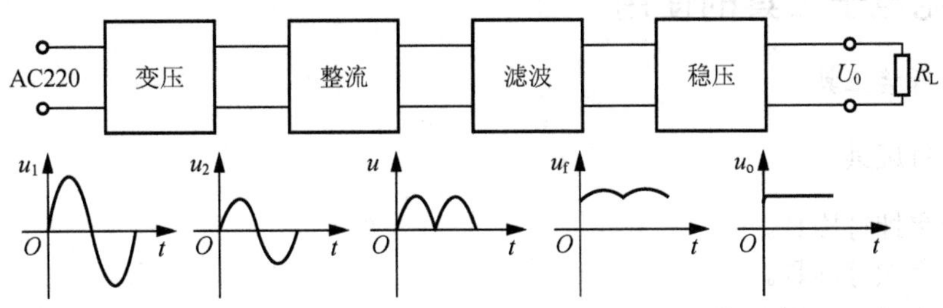

图 4-2 直流稳压电源组成

稳压电源的技术指标可以分为两大类；一类是特性指标，如输出电压、输出电流及电压调节范围；另一类是质量指标，反映一个稳压电源的优劣，包括稳定度、等效内阻（输出电阻）、纹波电压及温度系数等。直流稳压电源的技术特性用来衡量直流稳压电源性能的标准，通常有下列几项内容。

（1）输出电压 U_0

输出电压指稳压电源输出符合要求的电压值及其调整范围。

（2）输出电流 I_0

输出电流通常是指稳压电源允许输出的最大电流及输出电流的变化范围。

（3）稳压系数 K_u

表示负载不变时，稳压电源输出直流变化量ΔU_0 与输入电压变化量ΔU_i 之比。稳压系数为

$$K_u = \Delta U_0/\Delta U_i\ K_u$$

越小，表示稳压电源的稳定性能越好。

（4）输出电阻 R_0

输出电阻也称等效内阻或内阻。在额定电网电压下，由于负载电流变化ΔIL 引起输出电压变化ΔU_0，则输出电阻为

$$R_0 = \Delta U_0/\Delta IL$$

内阻 R_0 越小，稳压电源的带负载能力就越强，稳定性能也就越好。

（5）温度系数 K_T

交流电源和稳定电源输出电流都不变时，环境温度变化ΔT 导致输出电压 U_0 变化ΔU_0 的情况。温度系数为

$$K_T = \Delta U_0/\Delta T$$

可知，K_T 越小，说明稳压电源的输出电压受环境温度的影响越小。

（6）纹波电压 U_{0L}

纹波电压是指直流稳压电源输出中交流分量，其大小可用交流有效值或峰峰值表示。纹波电压越小，稳压电源的性能越好。

三、常见电子工具的使用

（一）拆装工具

1. 螺钉旋具

1）十字螺钉旋具。
2）一字螺钉旋具。
3）其他形状（视螺钉而定）。

2. 钳子

1）尖嘴钳：主要用来夹小螺母，绞合硬钢线，其尖口用于剪断导线。
2）虎口钳：主要作用与尖嘴钳基本相同。
3）斜口钳：用于剪细导线或修剪焊接各多余的线头。
4）剥线钳：主要用来快速剥去导线外面塑料包线的工具，使用时要注意选好孔径，切勿使刀口剪伤内部的金属芯线。

（二）测试工具

试电笔：用来检验被测物本是否带电，假如被测物体带电就会使电笔内的氖管发光，用试电笔测试带电物体时，如氖泡内电极一端发生辉光，则所测的电是直流电，如氖泡内电极两端都发辉光，则所测电为交流电。

（三）焊接工具及其他用品

1. 镊子

镊子用于夹住原件进行焊接。

2. 刻刀

刻刀用于清除原件上的氧化层和污垢。

3. 吸锡器

吸锡器的作用是把多余的锡除去。常见的有以下两种。
1）自带热源的吸锡器。
2）不带热源的吸锡器。

4. 电烙铁

电烙铁是熔解锡进行焊接的工具，一般分为外热式、内热式两种。新购的烙铁，在烙铁上要先镀上一层锡。焊接时应注意的事项：①掌握好电烙铁的温度，当在铬铁上加松香冒出柔顺的白烟，而又不“吱吱”做响时为焊接最佳状态；②控制焊接时间，不要太长，这样会损坏元件和电路板；③清除焊点的污垢，要对焊接的原件用刻刀除去氧化层并用松香和锡预先上锡。

5. 焊锡

焊锡是焊接用品，在锡中间有松香。

6. 松香

松香是除去氧化物的焊接用品。

7. 助焊剂

助焊剂作用和松香一样，但效果比松香好，因为助焊剂含有酸性，所以使用过的原件都要用酒精擦净，以防腐蚀。

第二节 设备安全用电与管理知识

一、设备安全用电知识

（一）设备安全用电常识

在使用设备时应考虑如下几点。

首先，要考虑电能表和低压线路的承受能力。电能表所能承受的电功率近似于电压乘以电流的值，民用电的电压是220V，工业动力用电的电压是380V。工作台上的安全电压是不高于36V。

其次，要考虑一个插座允许插接几件电器。如果所有电器的最大功率之和不超过插座的功率，一般是不会出问题的。要同时使用多台设备时，应先算一算这些设备功率的总和，如超过了插座的限定功率，插座就会因电流太大而发热烧坏，应使功率总和保持在插座允许的范围之内。

另外，安装的刀开关必须使用相应标准的熔丝。不得用其他金属丝替代，否则容易造成火灾，毁坏电器。更要避免触电伤人。

单相用电设备，特别是移动式用电设备，都应使用三芯插头和与之配套的三孔插座。三孔插座上有专用的保护接零（地）插孔，接线时专用接地插孔应与专用的保护接地线相连。在采用接零保护时，接中性线应从电源端专门引来，而不应就近利用引入插座的中性线。

漏电保护器又称漏电保护开关，是一种新型的电气安全装置，其主要用途如下。

1）防止由于电气设备和电气线路漏电引起的触电事故。

2）防止用电过程中的单相触电事故。

3）及时切断电气设备运行中的单相接地故障，防止因漏电引起的电气火灾事故。

4）在用电过程中，由于电气设备本身的缺陷、使用不当和安全技术措施不利而易造成的人身触电和火灾事故，而漏电保护器的出现，对预防各类事故的发生，及时切断电源，保护设备和人身安全，提供了可靠而有效的技术手段。

（二）安全用电原则

安全用电原则如下。

1）不靠近高压带电体（室外高压线、变压器旁），不接触低压带电体。

2）不用湿手扳开关，插入或拔出插头。

3）安装、检修电气设备应穿绝缘鞋，站在绝缘体上，且要切断电源。

4）禁止用铜丝代替熔丝，禁止用橡皮胶代替电工绝缘胶布。

5）在电路中安装触电保护器，并定期检验其灵敏度。

6）下雨雷电时，拔出电源插头，拔出电视机天线插头。暂时不使用电话、手机、收音机等。

7）严禁私拉乱接电线。

（三）车间安全用电

1）要熟悉车间各用电设备的主断路器（俗称总闸）的位置，并且要有明确的标示，一旦发生火灾、触电或其他电气事故时，应第一时间切断主断路器。

2）要熟练掌握车间各种断路器的操作方法以及送电、停电倒闸操作的顺序（紧急停电时除外），送电时应先送总闸，再送各用电设备；停电时应先停各用电设备，再停总闸。

3）掌握正确触摸电气设备的方法：操作电气设备（开关）要用单手，同时脸部要背向开关，以防止开关出现故障（火花）灼伤脸部。电气设备送电后，要先用手指的末端背面轻触设备的表面来判断设备是否漏电（不能轻信剩余电流断路器），在确保安全的前提下组织生产。

4）生产车间各配电柜（箱）内的剩余电流断路器要每月进行一次漏电检测，如有不灵敏的应立即更换。车间内部使用的移动用电设备要定期检查外壳及电源线绝缘的好坏，电动工具必须接到带有漏电保护的开关后面，采用单相三孔插头（要遵循左零右火上地线），实行单机漏电保护。

5）停电作业在作业前必须完成停电、验电、挂接地线和悬挂标示牌，设置临时遮拦、人员专门看护等安全措施（不能轻信开关已经断开，就认为没有电了）。

6）人触电后，脱离低压电源的方法有三种：①拉闸断电；②切断电源（要用绝缘工具分相切断电源）；③用绝缘物品脱离电源。

7）配电设施要定期巡检，保持良好的散热，不能在其周围存放易燃、易爆物品，防止因散热不良而损坏设备或引起火灾，巡检并有巡检记录，巡检应做到：看、听、闻、测。

8）防止触电的技术措施：绝缘、屏护、间距；接地和接零；漏电保护；采用安全电压；加强绝缘。我国及国际电工委员会对安全电压的上限值进行了规定，即工频下安全电压的上限值为 6V、12V、24V、36V、42V。一般低压系统中，保护接地电阻应小于 4Ω。

9）车间所有配电箱内部应保持干燥、无异物，配电柜（箱）内部开关螺钉要定期紧固（包括铜排连接螺钉、端子排等），以防止因电线松动而造成电缆发热，以致烧坏电缆、开关，甚至引起火灾。

10）车间内部振动比较大的设备，如制冷机、空调机组、空压机等设备，应定期检查设备内部电缆的磨损情况（重点检查电缆和设备直接接触的部位，发现异常应断电后立即进行处理）。

11）拆装接地线时的注意事项：装设接地线时，应先装接地端，后装导线端；拆除接地线时应先拆导线端，再拆接地端。

12）配电人员及车间保全人员，在进行电气安装时，一定要看清用电设备的电源是三相还是两相，以防误接损坏设备、造成安全事故。

13）车间人员安装灯具时要注意，相线应先进开关，通过开关再进灯座（灯座中心的铜片）；不可将相线直接接在灯座上，更不可接在灯座的螺纹上，以防触电。

14）导线的色标：相线（黄、绿、红），中性线（蓝色），接地线（黄绿双色）。

15）电气设备运行电流的估算方法：电力加倍，电热加半（三相）；单相千瓦，4.5A。单相 380V，电流 2.5A。

（四）用电设备安全检查标准

1）用电检查对管辖的用户的用电设备，应进行定期或不定期安全检查，及时提出改进意见，给予技术指导，帮助用户尽快消除用电不安全因素。用户对其自行维护管理的电气设备的安全负责。用电检查人员不承担因被检查设备不安全引起的直接损坏的赔偿责任。

2）用电检查的主要范围是用户的受送电装置，其受电装置的电气设备必须符合国家标准或者电力行业标准的要求。

3）高压成套设备必须装置“五防”闭锁，符合《防止电气误操作装置管理规定》（能源部[1990]110 号）。对多路电源供电的用户，其进线开关、刀开关及电气联锁装置必须安全可靠，并严格按供用电双方签订的调度协议进行倒闸操作。

4）用户对电气设备进行交接试验时，其应符合 GB 50150—2006《电气装置安装工程电气设备交接试验标准》规定。

5）用户必须按电力行业管理要求定期进行电气设备和保护装置的检查、检修和试验，其试验标准应符合 DL/T 596—1996《电力设备预防性试验规程》和 GB/T 14285—

2006《继电保护和安全自动装置技术规程》规定。

6）用电检查人员应检查用户主要电气设备、保护及自动装置的配置情况，督促用户严格按周期对电气设备及自动装置，进行试验和校验。用电检查人员必须认真审核试验结果。

7）用户应按供电企业用电检查的工作安排定期进行季节性受电线路及用电设备安全检查，发现问题及时处理。

8）用户应按照国家有关的能源政策和电力行业标准对国家明令淘汰的电气设备进行更新改造。选用先进、节电、节能、安全性能好的新产品。

9）用户采用的新产品电气设备、电气装置需挂电网做试运行的，必须得到供电企业同意、并交试运费。原则上对新产品、新工艺、新技术试验不得在重要用户供电的设备范围内进行，特殊情况下需经供电企业同意。

10）用户电气设备缺陷管理。

用户电气设备缺陷类别划分为如下几种。

危急缺陷：不立即处理随时有可能发生事故。

重大缺陷：对人身和电气设备有严重威胁，但尚能坚持运行。

一般缺陷：对安全运行影响不大，能坚持较长期限运行的。

用电检查人员发现危急缺陷、重大缺陷应通知用户立即处理，用户应将处理结果报用电检查部门。

对一般缺陷由用电检查发填写《用电检查结果通知书》交用户，要求用户限期消除缺陷。

11）用户对自行维护的电气设备运行管理，应符合电力行业管理标准，制定相应的规程、规章制度。

用户变电所（站）应具备以下规程：变电站运行规程、架空线路运行规程和电业安全工作规程（发电厂和变电所电气部分）。

用户变电所（站）应制定以下制度：岗位责任制度，巡回检查制度，交接班制度，设备缺陷管理及检修制度，工作票、操作票制度，工作许可制度和工作监护制度并建立设备台账和档案。

12）用户变电所（站）必须配备足够的安全用具和消防器材，安全用具应进行周期试验，消防器材应符合消防部门要求。

13）对过电压及防雷保护设施检查试验，应符合《电气设备安全运行规程》。

14）用户变电所（站）按照电业安全工作规程要求，设置安全标示牌。

15）用户选用进口或新型设备时，其保护装置必须与供电企业电气设备保护装置配合，并经用电检查部门同意，方可投入使用。

16）用户电气设备的操作电源和工作电源必须可靠。遇有特殊要求的电气设备应符合 DL/T 572—2010《电力变压器运行规程》的要求。

二、6S 管理要求

（一）6S 概述

6S 指的是整理（Seiri）、整顿（Seiton）、清洁（Seikestsu）、清扫（Seiso）、素养（Shitsuke）、安全（Security）6 个项目，由于这 6 个单词前面发音都是“S”，因此就简称“6S”。

1. 整理

整理是指将办公场所和工作现场中的物品、设备清楚地区分为需要品和不需要品，对需要品进行妥善保管，对不需要品则进行处理或报废。

2. 整顿

整顿是指将需要品依据所规定的定位、定量等方式进行摆放整齐，并明确地对其予以标示，使寻找需要品的时间减少为零。

3. 清扫

清扫是指将办公场所和现场的工作环境打扫干净，使其保持在无垃圾、无灰尘、无脏污、干净整洁的状态，并防止其污染的发生。

4. 清洁

清洁是指将整理、整顿、清扫的实施做法进行到底，且维持其成果，并对其实施做法予以标准化、制度化。

5. 素养

素养以“人性”为出发点，透过整理、整顿、清扫、清洁等合理化的改善活动，培养上下一体的共同管理语言，使全体人员养成守标准、守规定的良好习惯，进而促进全面管理水平的提升。

6. 安全

安全指企业在产品的生产过程中，能够在工作状态、行为、设备及管理等一系列活动中给员工带来即安全又舒适的工作环境。

（二）生产场所 6S 管理规范

1. 生产现场

1）作业现场零部件（毛坯、材料、半成品）应放入专用货架、料箱。

2）生产现场内不合格品（包括返工、返修、废品等），应分类予以标示，并与合格品隔离存放。不需品原则上当班处理，保证生产场地充分。

3）作业指导书、工序卡应挂在能直接、清晰地看到的操作位置附近，其挂放位置不能影响生产线操作及设备的运转。

4）厂房内安全通道应畅通，标志明显，不得有机动车停放，生产流水线周围不得随意停放车身，自行车、摩托车不得进入厂区。厂房内限速行驶时速不得超过 10km/h。

5）厂房内部透视性要好，不允许乱画、乱挂或乱贴各种标语。

6）生产作业过程中，保持生产现场的干净整洁，无积水，无积灰，无浮尘，下班时地面打扫干净，工件摆放整齐，工具清点摆好。

7）现场的各种指示图表、目视标志、学习园地完整、整齐、清洁。

8）生产现场严禁吸烟，无各种违反劳动纪律的现象。

9）生产现场的消防器材专人负责检查，维护确保能正常使用，禁止损坏及挪作他用。

10）调试人员必须持证上岗，禁止无证驾驶。

11）生产现场周围的环境要经常清扫，保持道路畅通、整洁，无杂草，无堆积杂物，无烟蒂、废纸、痰痕。

12）生产车间墙壁、门窗保持清洁明亮无蛛网、沙尘，照明设施齐全完好。

13）生产现场所有班组都有班组定置图、班组园地，并要定置定位。

2. 设备管理

1）每天擦拭保持清洁无尘、无油污，表面完好，润滑良好，设备台面一律不得堆放工件及其他物品。

2）生产工具在不使用时，必须整齐地摆放在指定的货架上或工具箱内，不得随手乱丢乱扔。

3）生产设备、办公设备、检测设备、运输工具、输气管路等，必须专人负责日常保养，定期清洗、润滑，防止漏油、漏气、渗油、腐蚀生锈，做好防护工作。

4）工位器具、工检量具和工装无锈蚀，无油污，无磕碰缺损，编号和其他标志清晰可见。

第二篇

高　级　工

第五章　高级工的基本要求

第一节　职 业 道 德

一、职业道德基本知识

职业道德基本规范包括爱岗敬业、诚实守信、办事公道、服务群众。爱岗敬业就是从业人员要热爱本职工作，忠于职守，精通业务，积极钻研，勇于创新。爱岗是对从业人员态度的一种普遍要求。敬业就是用一种严肃的态度对待自己的工作，就是勤勤恳恳、兢兢业业、忠于职守、尽职尽责。爱岗与敬业精神是相通的，是相互联系在一起的。爱岗是敬业的基础，敬业是爱岗的具体表现。爱岗敬业是为人民服务和集体主义精神的具体体现。

职业素养包括内在素养和外在素养，外在素养包括职场礼仪、沟通谈吐、社会公德、工作态度、工作能力等素养。内在素养是职业素养中最基础的素养，包括个人的世界观、人生观、责任心、公德心、知识水平等范畴。

日常生活中，我们往往容易混淆职业、职位、行业三者的概念。职业是指从业人员从事有偿工作的种类。例如，地铁司机、电气工程师、数控操作员、行政秘书等都属于职业。

就业信息的来源是多样的，目前常见的就业信息渠道包括校内专场招聘会、学校就业指导中心、互联网、人才中心现场招聘会、各人才交流中心发布的就业信息、实习及社会实践活动、广泛的社会关系、报纸、期刊广告及通过自荐获取就业信息等。

二、职业守则

诚实守信就是从业人员要诚实无欺、信誉第一，不搞假冒伪劣，不求不义之财。诚实就是忠诚老实，不讲假话。诚实的人能忠实于事物的本来面目，不歪曲、篡改事实。诚实侧重于对客观事实的反应是真实的，对自己内心的思想和情感的表达是真实的。守信侧重于对自己应承担、履行的责任和义务的忠实，毫无保留地实现自己的诺言。诚实和守信两者意思是相通的，是互相联系在一起的。诚实是守信的基础，守信是诚实的具体表现。诚实守信是对从业者的道德要求，也是为人处世的一种美德。

办事公道就是从业人员要客观公正、不徇私情、公私分明、不占便宜、公平合理、一视同仁、公道正派、平等竞争。从业人员在办理事情处理问题时，要站在公正的立场上，按照同一标准和同一原则办事。例如，一个服务员在接待顾客时，要做到对不同肤色、不同国籍、不同民族的顾客一视同仁；一个售货员对于购买其商品的消费者，无论其购买商品贵贱，都要周到服务。

团结协作就是要借助和集中团体的力量，共同来完成某项或达成某个目标。要达到目标，必须依靠集体的力量。无私的团队精神，认真而忠于职守，谦虚大度而不乏热情会形成一种无穷的人格魅力，感染他人，能让人们在工作中如鱼得水。

职业生涯规划对于人生道路来说具有战略意义，至关重要。制定一个方向正确、目标实在、符合实际、措施具体的职业生涯规划不仅有利于指导我们在校期间的学习，更有利于实现个人的职业理想。职业生涯规划是一个周而复始的连续过程，它不是一成不变的。在职业生涯规划的过程中，要树立正确的职业生涯发展信念，要及时评估职业生涯机会，要客观地认识自己，要保持坚定的发展目标，要适时进行评估和反馈。

第二节　基础知识

一、计算机基础

一个计算机系统包括硬件和软件两大部分。硬件系统包括运算器、控制器、存储器、输入设备和输出设备。

内存储器是计算机的记忆部件，是一组或多组具备数据输入/输出和数据存储功能的集成电路，用于存放程序和数据。内存储器直接和运算器、控制器联系。内存储器通常只存放正在运行的程序或正在等待处理的数据，容量稍小但存储速度快。内存储器分为只读存储器和随机存储器。当系统关机时，随机存储器存储的信息会立即消失，只读存储器是一种只能读出而不能写入信息的存储器。在元件正常工作的情况下，只读存储器中的代码与数据将永久保存，并且不能够进行修改。

计算机病毒是一些人为编制的破坏程序。计算机病毒不仅能破坏单机系统，也能破坏网络系统。计算机病毒根据产生后果可分为良性病毒和恶性病毒。计算机病毒根据寄生方式可分为操作系统型病毒、外壳型病毒、入侵型病毒和源码病毒。操作系统型病毒属于系统型病毒。外壳型病毒、入侵型病毒和源码病毒常称为文件型病毒。对待计算机病毒以预防为主，查杀为辅。

二、电子电工基础

为了增大放大电路的输入阻抗，引入了串联负反馈。

复合管的电流放大倍数约等于两个管子的电流放大倍数的乘积。

二进制数 0100 1011，转换成十进制数为 75（二进制数和十进制数之间的转换）。

设集成数值比较器 7485 作为单级使用，A 数为 1100，B 数为 1000，则比较结果按顺序“$F_{A=B}$”、“$F_{A>B}$”、“$F_{A<B}$”端以 010 数据形式呈现。

三、半导体照明基础

在真空中，光速等于波长与频率的乘积。光在真空中的速度和在媒质中的速度的比值就称为该媒质的折射率。

一个点光源的发光强度为 I，所发出的光强是各方向相同的，则光通量 F 等于 $4\pi I$。

激发是一个能量转移过程。若已知辐射的光子所具有的能量为 E，则激发发光波长为 hc/E。

对于晶体的分析研究表明，晶胞的六个参数，可以将晶体分为七个晶系：立方晶系、四方晶系、正交晶系、三角晶系、六角晶系、单斜晶系和三斜晶系。

P 型半导体中的空穴和 N 型半导体中的电子称为多数载流子。

由热平衡状态时 PN 结的能带图可知，导带下端能量和满带顶能量之和的一半等于带隙中心能量。

半导体中的载流子复合分为两大类，一类是辐射型复合，另一类是非辐射型复合。电子和空穴由于碰撞而复合、通过杂质能级的复合、通过相邻能级的复合、激子复合、直接跃迁、间接跃迁都属于辐射型复合。器件表面的复合、伴随多数的声子的复合、“俄歇进程”的复合属于非辐射型复合。

四、机械基础

视图分为基本视图、向视图、局部视图和斜视图四种。

带传动中，传动比是指主动带轮转速与从动带轮转速之比。

五、安全文明生产与环境保护

文明生产的内容包括精神文明、科学管理、操作文明和环境文明四个方面。精神文明包括在生产过程中，操作人员具有良好的职业道德和爱岗敬业精神，操作人员要积极汲取相关工作的先进文化知识和操作技能，操作人员要确保产品的质量，时刻牢记客户第一的思想宗旨。科学管理包括利用先进的方法，不断提高产品质量和工作效率，充分发挥人的主观能动性和创造性保证生产的有序进行。操作文明包括在生产过程中，严格执行操作规程，动作规范，不浪费原材料，保证仪器设备的正常运行。环境文明包括工作场地的清洁整齐，墙壁、地面、仪器仪表设备等的颜色得当，温度湿度适中。

安全用电的注意事项及操作规程：发现用电设备、导线出现损坏时，应立即报告，由相关人员处理；操作带电设备时，不可用手接触判断是否带电，要用测电笔；用电设备或电动工具一定要接地线；设备、工具的各种插头使用过后要拔掉；设备工具的各种插头拔时，不管线是否结实都不可以拉线拔掉；操作带电设备时勿触到非安全电压的导电部位；发现电源打火、冒烟或不正常气味时，应立即切断电源，报相关人员检修；发现漏电设备跳闸时，切勿重新合上，应由相关人员排除漏电故障后，再合上。

家电产品装接、调试维修工安全操作规程：操作前应先检查所使用的仪器设备、工具等是否正常；装配和拆换印制板元器件时，应断电操作；调试检测较大功率电子装置时，操作人员不少于 2 人，在工作台面上应设置隔离变压器以及电源开关；因静电容易造成损坏的元器件，装配时要带接地手环，焊接时要断开电烙铁电源，用余热进行焊接；工作台面、地面要铺绝缘橡胶；工作人员要按规定穿戴工作服及手套；电烙铁要放在专用烙铁架上，使用时不可通过敲打、甩锡，使烙铁头清洁；电子产品组装后，机内不得留有元件引线、螺钉或其他异物。

当代青年要做自觉保护环境的环保公民。具体表现在用完水后要关紧龙头，尽量少用长流水；减少抽水马桶用水，注意一水多用；不可以将生活用水排入河中；使用节能灯，随手关灯；没必要时不要同时开很多电器；要有节制地使用空调；把不用的废纸、废书报卖给废品站；多用手帕、抹布擦拭；公共场合尽量不使用一次性筷子、饭盒、纸杯；自带篮子和口袋购物；旧物巧用，节约粮食；外出尽量步行或骑自行车；少用塑料袋、保鲜膜；不在露天焚烧杂物；公共场所不抽烟。

六、质量管理

ISO 9000 族标准是国际标准化组织制定的系列标准。现已有 100 多个国家和地区将 ISO 9000 族标准等同转化为国家标准。ISO 9000 族标准不是产品的技术标准，主要针对质量管理。ISO 9000 族标准涵盖了部分行政管理和财务管理的范畴。

在国际标准 ISO 9000 中，把质量定义为一组固有特性满足要求的程度。服务类产品质量具有功能性、经济型、安全性、文明性、舒适性等特性。

全面质量管理的含义：以质量为中心，以全员参与为基础，目的在于通过让顾客满意和本企业所有者、员工、供方、合作伙伴或社会等相关方受益而达到长期成功的一种管理途径。

七、劳动防护及劳动合同基础

劳动防护用品分九大类：头部、眼睛、耳部、面部、呼吸道、手部、足部、体部防护用品和其他辅助用品。

劳动合同规定的必备条款：劳动合同期限、劳动报酬、劳动保护、劳动条件和职业危害防护、工作内容和工作地点、工作时间和休息休假、社会保险。

第六章　高级工的封装前准备

第一节　封 装 结 构

一、白光 LED 封装的典型结构

1. LAMP 引脚式封装

白光 LAMPLED 的固晶方式有两种，分别是导电银固定和绝缘胶固定。LED 脚式封装采用引线架做各种封装外形的引脚，是最先研发成功投放市场的封装结构，品种数量繁多，技术成熟，封装内结构与反射层仍在不断改进。引脚封装最突出特点就是可弯曲成所需形状，体积小；金属底座塑料反射罩式封装是一种节能指示灯的封装，适用于电源指示灯；闪烁式将 CMOS 振荡电路芯片与 LED 管芯组合封装，可自行产生较强视觉冲击的闪烁光；双色和三色型由两种和三种不同发光颜色的管芯组成，封装在同一环氧树脂透镜中，对于双色管，除双色外还可获得第三种混合色，而对于三色管，除三色外还可获得这三种的混合色，在大屏幕显示系统中的应用极为广泛，并可封装组成双色和三色显示器件；电压型将恒流源芯片与 LED 管芯组合封装，可直接替代 5～24V 的各种电压指示灯。

2. SMDLED 封装

近年来，SMDLED 成为一个发展热点，很好地解决了亮度、视角、平整度、可靠性、一致性等问题，采用更轻的 PCB 和反射层材料，在显示反射层需要填充需要填充的环氧树脂更少，并去除较重的碳钢材料引脚，通过缩小尺寸，降低质量，可轻易地将产品质量减轻一半，最终使应用更趋完美，尤其适合户内，半户外全彩显示屏应用。SMDLED 一般都是自动封装，其特点是封装一致性好，成品率高。

二、白光 LED 原理

1. 蓝色单芯片＋荧光粉白光 LED

日本日亚化学提出用蓝光 LED 来激发黄色 YAG 荧光粉产生白光 LED，为目前市场上的主流方式。在蓝光 LED 芯片的外围填充混有黄光 YAG 荧光粉的光学胶，此蓝光发 LED 芯片所发出蓝光的波长约为 400～530nm，利用蓝光 LED 芯片所发出的光线激发黄光荧光粉产生黄色光。但同时也会有部分的蓝色光发射出来，这部分蓝色光加上荧光粉所发出的黄色光，即形成蓝黄混合的两波长的白光。这样的白光 LED 具有效率高、制备简单、温度稳定性较好、显色性较好的优点，缺点是一致性差。

2. 多色芯片白光 LED

三芯片白光 LED 一般的结构是在一个管壳内同时封装红色芯片、绿色芯片和蓝色芯片来达到白光的效果，当要求 LED 发出的白光是冷白色或暖白色时，可以通过调整混色比例来实现。当一个绿芯片发出的光功率不能满足混色比的要求时，还可以采用两个绿芯片和一个红芯片，一个蓝芯片封装在一个管壳内来实现。

第二节　封 装 材 料

对 LED 封装材料的知识点，需重点掌握 LED 封装可靠性测试与评估、LED 使用寿命的定义、LED 芯片的分类、支架的分类及质量要求、白光 LED 荧光粉知识、芯片与荧光粉的搭配及红色荧光粉知识。

一、LED 封装可靠性测试与评估

由于 LED 寿命长，通常采用加速环境试验的方法进行可靠性测试与评估。测试内容包括高温储存、低温储存、高温高湿、高低温循环、热冲击、耐腐蚀性、抗溶性、机械冲击等。然而，加速环境试验只是问题的一个方面，对 LED 的寿命的预测机理和方法的研究仍是有待研究的难题。

二、支架的质量要求

支架可靠性检测要求如下。

1）高温烘烤不可出现气泡、变色、镀层脱落等不良。

2）浸锡实验上锡面应达到 95%。

3）焊线拉力测试。

4）支架折弯试验不低于 4 个回合。

三、荧光粉

在白光 LED 的产生方式中，以“蓝光 LED＋黄色荧光粉”的技术最为成熟，这也是目前商品化白光 LED 产品的主要实现形式。红色荧光粉与蓝光 LED 芯片及绿色荧光粉配合产生白光。

四、芯片与荧光粉的搭配

荧光粉在 LED 制造过程起着至关重要的作用。使用绿色荧光粉配合黄色荧光粉和蓝色 LED 芯片，可获得高亮度白光 LED。

第三节　封 装 工 艺

LED 封装工艺，是学生学习的重点内容，需掌握封装的工艺流程、每个工艺的要求、LED 电参数的含义及设置、车间的环境要求等。

一、白光 LED 封装的基本工艺

1. LED 封装的四大工艺流程

LED 封装四大制造工艺包括固晶工艺、焊线工艺、灌胶工艺和测试工艺。

2. 封装点胶工艺

LED 进行点胶时，将胶体点在支架杯体里，必须要点在杯体的正中间，而且胶量要适当。

点胶时，胶量根据芯片的面积的大小来规定，其标准为芯片面积的 2/3。

3. LED 封装固晶烘烤操作

白光 LED 固晶烘烤时，将半成品放入烤箱内，烤箱温度设为 150℃，烘烤 1h。

4. LED 点胶使用

白光 LED 封装点胶对于 GaAs、SiC 导电衬底，具有背面电极的红光、黄光、黄绿芯片，采用银胶。

白光 LED 封装点胶对于蓝宝石绝缘衬底的蓝光、绿光 LED 芯片，采用绝缘胶来固定芯片。

5. LED 灌胶封装

白光 LED 的封装采用灌胶封装的形式，灌胶封装的过程是在 LED 成型模腔内注入液态环氧树脂。

6. LED 封装灌胶后前固化烘烤

白光 LED 烘烤，前固化是指密封树脂的固化，一般固化条件在 135℃，1h。

7. LED 封装灌胶后后固化烘烤

白光 LED 烘烤，后固化是指为了让树脂充分固化，同时对 LED 进行热老化。后固化对于提高树脂与支架的粘接强度非常重要。一般条件为 120℃，4h。

8. LED 封装点荧光粉后烘烤

白光 LED 点荧光粉烘烤，放入 120℃的烤箱，烘烤 15～20min。

9. LED 扩片工艺

由于 LED 芯片在划片后依然排列紧密间距很小，约 0.1mm，不利于后工序操作，采用扩片机对膜进行扩张，白光 LED 扩片后，使 LED 芯片与芯片的间距拉伸到约 0.6mm，也可以采用手工扩张。

10. LED 固晶工艺

LED 固晶，就是将晶片固定在已点好银胶的支架上。固晶的位置不能偏离中心位 1/3。固晶的推力大于等于 100g。

11. LED 焊线工艺

焊线工艺要求，焊球的大小为 3 倍线径。焊线的拉力≥5g。

焊线工艺的不良：虚焊的原因是焊线的压力或功率、时间、温度不够；晶片电极打穿的原因是焊线温度过高、压力过大、多次焊线、来料不良。

12. LED 灌胶工艺

灌胶工艺以 LAMP LED 为例，将模条按一定的方向装在铝船上，吹尘后烤箱预热的温度与时间是 125℃，40min。

灌胶的不良有支架插偏、支架插深、支架插浅、支架插反、支架爬胶、支架变黄（氧化、烘烤温度过高或时间过长）碗气泡、珍珠气泡、线性气泡、表面针孔气泡、杂质、多胶、少胶、雾化、胶面水纹、胶体损伤、胶体龟裂（胶水老化或比例不对）、胶体变黄（A 胶比例过大）。

13. 三点一线

固晶操作时，吸晶三点一线是指晶片台十字光标中心点，吸嘴孔中心点和顶针中心点重合。

14. 两点一线

固晶操作时，吸晶两点一线是指吸嘴中心孔与固晶台十字光标重合。

15. 焊线工艺

金线与银合金线比较，金线的电阻率高于银合金线，金线的熔断电流高于银合金线。在高端 LED 封装领域，焊线时选用的是金线。在低端 LED 封装领域，焊线时选用的是铜线。

高端 LED 焊线时，选用金线的主要成分是 99.999%纯金。

二、封装工艺流程与技术参数

1. LED 封装工艺流程

LED 封装工艺流程如图 6-1 所示。

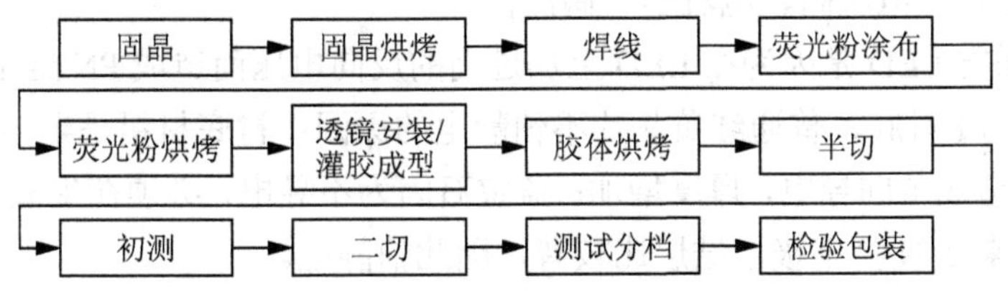

图 6-1 LED 封装工艺流程

2. 光学参数

主波长（λ_D）即人眼视觉所感觉的波长。

峰值波长（λ_P）即光谱辐射功率最大的波长（单色光只有一个）。

色纯度（Pe）即色彩的纯洁度也称为色饱和度。

半波宽（FWHM）即光谱曲线峰值一半处的总宽度。

3. 色品坐标

1）颜色中有三个颜色，红（R）、绿（G）、蓝（B）即 RGB 是不能从其他颜色中混合出来的，称三基色。

2）任何其他颜色 *C* 都可以用红（R）、绿（G）、蓝（B）三基色相加混合出来。

4. 光通量

光通量是按照人眼的光感觉来度量光的辐射功率，即辐射光功率能够被人眼视觉系统所感受到的那部分光量。

5. 三基色方程式

国际照明委员会（CIE）1931 年制定了一个色度图，用组成某一颜色的三基色比例来规定某一颜色，即用三种基色相加的比例来表示某一颜色，并可写成方程式：

$$(\mathrm{C})=R(\mathrm{R})+G(\mathrm{G})+B(\mathrm{B})$$

等式中，（C）代表某一种颜色，（R）、（G）、（B）是红、绿、蓝三基色，R、G、B 是每种颜色的比例系数，它们的和等于 1，即 $R+G+B=1$，“C”是指匹配即在视觉上

颜色相同，如某一蓝绿色可以表达为

（C）＝0.06（R）＋0.31（G）＋0.63（B）

如果是二基色混合，则在三个系数中有一个为零；若匹配白色，则 *R*、*G*、*B* 应相等。

6. LED 防静电特点

1）静电特点：电压高、电流小、偶然性大。

2）静电伤害 LED 是因为在 LED 上加过高的反向电压而造成 PN 结击穿。

3）SiC 和 Si 衬底、普通红黄晶片不怕静电的原因：衬底材料是半导体材料，在衬底工艺中被制造成单向导电，厚度增加；蓝宝石因为不导电，必须在生成的 GaInN 层上切割一部分出来做 N 型电极，结层比较薄，因此怕静电。

7. 固晶机操作点胶上下参数设置

预备位指吸嘴预备取晶、固晶的高度值。

吸晶位指吸嘴刚好接触到晶片的高度值。

固晶位指吸嘴正好接触到碗杯底。

第七章　封装设备调试要求

第一节　设 备 调 试

一、LED 封装设备参数设置知识

1. 固晶机的设备设备调试与设定的内容

固晶机的设备设备调试与设定的内容包含取晶 PR 学习、取晶路径设定、固晶 PR 学习、固晶路径、吸晶位、固晶位、顶针及光学系统的设定、摆臂上下参数设置等。

2. 芯片键合的设备设置内容

芯片键合的设备设置内容包含温度、压力、功率、键合时间。

3. K&S 自动焊线机（1W 大功率 LED）编程

K&S 自动焊线机（1W 大功率 LED）编程包括加热块示教、示教焊接位置、示教芯片参考系统学习、示教引线参考系统、示教焊线、焊接参数编辑、示教矩阵等步骤。

4. 焊针（瓷嘴）更换后的校准

焊针（瓷嘴）更换后的校准内容有 USG 校准、十字准线偏移量校准、EFO 高度、重新校准焊接高度四种。

5. LED 自动焊线机料盒参数设置

LED 自动焊线机料盒参数设置时，首先定义插槽斜度。

插槽斜度是指两个相邻料盒槽中心到中心的距离。该参数决定在每次步进期间料盒升降机将垂直移动的最小距离。

6. 引线框参数的有关定义

每条引线框的步进数是指移动一个引线框穿过焊接区域所需的步进操作总数。

Y 轴心前偏移量是指从引线框前边缘到一个器件中心的距离。

7. 点荧光粉胶机的编程的设置要求

编程是根据产品点胶图形，编制程序。程序编好后需要设置点胶速度、*Z* 轴提高高

度相对值、点胶时间参数等。

二、LED 产品工艺与质量分析基础知识

1. LED 自动固晶机吸嘴的选择

吸嘴按材质分为垫木和钨钢两种。根据不同大小的晶片要匹配相应的吸嘴。小于 8mil 的晶片采用 4mil 吸嘴，8～12mil 的晶片采用 5 mil 吸嘴，大于 12 mil 的晶片是依晶片大小 1/2 的原则来选用吸嘴的。选择匹配的吸嘴，不仅可以保证设备的稳定性和产品的一致性，还可以方便调机延长易损件的使用寿命。

2. 芯片压伤原因

芯片压伤的原因有如下几种。

1）CCD 中心点、吸嘴中心点和顶针中心点校准不正确。

2）固晶力度太大。

3）固晶上下高度不合适。

3. LED 点胶机对胶量的质量要求

LED 点胶机对胶量的质量要求为大功率固晶银胶量为 1/4～1/3 晶片高度，且至少三面包胶。固晶片（齐纳）银胶量为 1/3～1/2 晶片高度，且至少三面包胶。

4. 晶片倾斜要求

固晶后晶片与支架不垂直，左右倾斜不能超过 30°。

5. 固晶机点胶头的选择

1）常用点胶头 15°、30°。

2）根据不同的胶水用不同的点胶头。

3）点银胶用 30° 的点胶头。单电极晶片比较厚，而 30° 点胶头出来的胶量有厚度。银胶的胶量不少于晶片高度的 1/2；不高于晶片的 2/3。

4）点绝缘胶、黄胶用 15° 的点胶头。双电极的晶片很薄，需要的胶量比较少。如果用 30° 的点胶头点胶，加一步点胶位会多胶，减一步点胶位会少胶。

6. LED 自动焊线对一焊的键合位置及焊点形状要求

LED 自动焊线对一焊的键合位置及焊点形状要求如下。

1）键合第一焊点金球不能有 1/4 以上在芯片电极之外，不能触及 P 型层与 N 型层分界线。

2）第一焊点球径 A 约是丝径的 3.5 倍，球形变均匀良好，丝与球同心。

3）键合后其他表观要求是无多余焊丝、无掉片、无损坏芯片、无压伤电极；芯片表面不能有因键合而造成的金属熔渣、断丝和其他不能排除的污染物；拱丝无短路，无塌丝，无勾丝。

7. LED 自动焊线的虚焊质量分析方法

LED 自动焊线是否虚焊可从金线拉力和金球推力判定是否合格。拉力测试被广泛用在热超声焊线中，它是一种破坏性的测试，能够测试出最薄弱的断点，测试点和拱丝的特点直接影响测量数值大小。LED 行业键合金线拉力及断点位置要求一般为拉线时第一点金球不能与电极之间脱开，第二点楔形不能与支架键合区脱开，即此时不论拉力 F 为何值都判定不合格；若从其他点断开，金丝直径为 25μm 时拉力值 $F>5g$ 为合格，金丝直径为 32μm 时拉力值 $F>7g$ 为合格。

三、计算机基础（软件）知识

1. 计算机输入法转换快捷键

通常，转换输入法的快捷键是“Ctrl＋Space”。

2. 计算机快捷键的使用

要打开已选择的对象时，可按 Enter 键。
要删除已选择的对象时，可按 Del 键。
选择窗口内的全部内容的快捷键是“Ctrl＋A”。
将剪贴板中的信息复制到当前位置的快捷键是“Ctrl＋C”。

3. 计算机基础知识

计算机能直接执行的程序是机器语言程序。

计算机辅助系统是计算机的一个主要领域，通常人们称一个计算机系统是指计算机的硬件系统和软件系统。

数据在计算机内部是以二进制编码形式表示的。

4. 计算机文件删除及回收站知识

通常把硬盘中的一个文件拖进回收站，则删除该文件，但可恢复。

双击回收站中的文件图标，则弹出该文件的属性对话框。

计算机中一个应用程序的快捷方式被创建在桌面上，若从桌面把这个快捷键方式删除，则该应用程序仍不会被删除。

5. 计算机文件运行知识

当无法通过单击窗口右上角关闭按钮来终止当前应用程序的运行时，可以按“Ctrl＋Alt＋Del”键，当出现任务列表时，选择该程序名称和“结束任务”按钮。

当同时打开多个应用程序窗口时，可通过任务栏选择窗口。

使用“Alt＋F4”快捷键可以快速关闭应用程序窗口。

第二节 设备校正

一、设备系统参数设置与校正

1. LED 分光分色机参数设置的内容

LED 分选参数设置是用于设定对被测 LED 按照规定的要求进行分类，可以设置的内容包括分 BIN 轨道设置、正向电压、光通量、主波长、峰值波长、色温等分选参数。

2. 分光分色机器光通量定标方法

分光分色机器光通量定标方法为首先打开光通量定标窗口，在夹具上装上标准 LED 灯，选择定标对象，确定输出电流、输入光通量标准值，选择光通量量程，注意光通量测量量程与定标量程必须一致。单击“定标”按钮后完成光通量定标。

3. LED 自动焊线机一焊的 USG 参数设置

USG（超声波发生器）的电流值对于 1W LED 设置为 100mA（先设置小点再往大调到 130mA 看焊接效果比较），USG 焊接时间值设置为 9～15ms，USG 模式选恒定电流，将压力值设置为 40～45Pa。

4. LED 自动焊线机一焊成球安全性设置

LED 自动焊线机一焊成球安全性设置包含将成球 USG 电流值设置为 150（一般 140～160）mA，成球焊接时间值设置为 9～15ms，成球焊接压力设置为 45～50Pa。

5. 自动焊线机器的步进进料数设置

自动焊线机器的步进进料数设置时对 1W 大功率 20 个杯的连体支架，压板为 8 个对应孔位，焊接步进时，“进料数目”要将“1”改为“3”，因为 8 个杯为一次焊接操作，20 个杯就要分 3 次完成。

6. 1W 大功率 LED 固晶机的 PR 设置

1W 大功率 LED 固晶机 PR（图像识别）设置的步骤（以新益昌固晶机为例）如下：

1）移动晶片台让十字光标中心对准一颗晶片，单击“PR 学习”按钮，根据晶片大小调整取晶镜筒放大倍率与镜头座高度，使屏幕出现的晶片图像（要求 LCD 显示器内显示 3×3 颗晶片以上）。

2）根据晶片大小、晶片形状、图像、晶片反光情况，设定“PR 大小、快门、亮度”和合适的“PR 精度分数值”。

3）单击“影像校正”按钮系统自动完成影像校正功能。

7. 杯的选择

LED 自动焊线机器编程时，对 1W LED 示教芯片参考系统时的杯的选择要求是操作区域选择右上角第一个杯，操作点选 1W 芯片对角两个电极中心点。

二、ISO 9000 质量标准体系基础知识

PDCA 循环中的 P 是指策划，D 是指实施，C 是指检查，A 是指处置。质量管理体系所需的过程应当包括管理活动、资源提供、测量和产品实现有关的过程。采取预防措施主要的目的是消除潜在不合格的原因。ISO 质量管理的原则包括以顾客为关注焦点、领导作用、持续改进、基于事实的决策方法、全员参与、管理的系统方法、过程方法、互利的供方关系。

第八章 高级工的封装设备操作要求

第一节 设 备 操 作

一、设备操作指导编写规范要求

1. 设备三大规程内容

设备三大规程内容包含《设备操作规程》、《设备维护保养规程》和《设备检修规程》的要求。

2. 《设备操作规程》内容

《设备操作规程》内容如下。

1）设备主要性能、规格、允许最大负荷。

2）正确操作方法、操作步骤和操作要领，如启动和停车操作顺序及注意事项等。

3）保证设备与人身安全注意事项，对可能出现紧急情况的处理方法和步骤。

4）设备清扫、润滑和检查设备是否运行正常的方法和要求。

3. 《设备维护保养规程》内容

《设备维护保养规程》内容如下。

1）设备构造简图和主要技术要求。

2）设备润滑部位、油质标准和润滑“五定”的制订。

3）主要运行部位的运行参数、调整范围，如温度、速度、精度、压力、各部位允许许间隙等。

4）常见故障及其排除方法。

5）由日常点检、巡检、一级保养、二级保养、三级保养等组成的维护保养制度。

4. 编制设备规程的一般规定

设备投入运行前，应编制《设备操作规程》、《设备维护保养规程》；在设备运行的一年内，应编制《设备检修规程》。对于新添置的熟悉的设备，经过批准，可先编制《设备操作规程》和《设备维护保养规程（试行标准）》，投入运行后，经过一段时间摸索，再根据操作、维护保养中发现的问题，修订《设备操作规程》和《设备维护保养规程》，编制《设备检修规程》。但从投入运行之日起两年内，必须编制出经过审批、

正式颁发、行之有效的设备三大规程。

5. 编制设备三大规程的依据

编制设备三大规程的依据是设备使用说明书，生产工艺对设备的要求，设备使用、维护保养、检修的实际情况。

二、白光 LED 封装设备操作知识

1. 固晶机操作顶针位置调节系统参数设置

顶针位置设定时，预备位指原点以上而顶针不碰蓝膜的范围内。工作高度是指顶针顶破蓝膜顶起晶片的高度。

2. 固晶机操作摆臂旋转参数设置

待吸晶位是指吸晶摆臂等待取晶的位置。吸晶位是指吸晶死位的位置。待固晶位是指检测位到固晶位的位置（点胶前后点胶头点胶时，待固晶位不能碰到点胶头）。固晶位是指固晶死位。检测位与吹气位相同。吹气位是指清洁吸嘴的位置（此位置一般设置在吸晶位与固晶位中间）。

3. LED 封装补粉测试作业

双击计算机桌面上的补粉系统软件 ZWL3907 的图标，打开系统界面。单击“测试参数设置”按钮，输入测试条件。大功率 1W 测试条件为反向 5V，电流 350mA。功率小于 1W 的 LED 灯的测试条件是反向电压 5V，电流小于 100mA。单击“补粉测试 F3”按钮，夹具内的材料依次点亮，观察部分模拟图，符合色温范围的亮绿灯，不符合的亮红灯。

4. LED 封装分光分色操作流程

LED 封装分光分色操作流程如下。

1）打开分光计算机和分光机。

2）设定测试条件，并取光源在积分球上测试，记录测试数据，然后以此光源和测试数据标定分光机。

3）先用 30～50PCS 材料测试，确定材料分光的参数范围。

4）设定分光参数。

5）开始分光。

6）分光完成（具体内容参考《LED 封装技术》，惠州市技师学院电子工程系编写）。

5. LED 包装作业要求

包装时需进行的检查为材料分光时是否混料，装管时方向是否一致，包装时数量是否准确。

6. LED 大功率烘烤条件

（1）大功率烘烤条件与步骤

1）将待烘烤的材料平稳地放到烤箱中，关闭烤箱门。进烤时避免振动，碰撞，行动要快速。

2）确认材料无误后，按表 8-1 的规格设定温度、时间。

表 8-1 烘烤规格

烘 烤 项 目	烘烤温度/℃	烘烤时间/h
固晶银胶	155±5	5
荧光粉/硅胶	155±5	5

3）烘烤荧光粉时，将所设温度与摆放位置分别对应记录于《荧光粉烘烤记录表》。

4）荧光粉每 15min 进烤一次，固晶银胶、二焊银胶、硅胶、灌封硅胶每 30min 进烤一次。

5）烘烤完成后，按先进先出顺序出烤。出烤过程中，速度要快，以免影响烤箱温度。

6）每班作业人员需检测烘烤箱温度一次，并做好记录。如有异常，请及时通知领班或设备维护人员处理。

7）每次烘烤时应做好烤箱温度测量记录，测量温度与设定温度误差为±5℃，如测量温度与设定温度误差超出±5℃时，需通知维修部门进行调控。

（2）烘烤注意事项

1）作业过程中要轻拿轻放，材料放入烤箱内要放平，不可有倾斜现象。

2）作业员不允许调节任何参数，如需调整请通知设备人员或领班。

3）进出烤需注意安全，作业时要戴防高温手套，避免烫伤等事故的发生。

4）每次进烤时注意检查超温防止器设定是否合理正确，按烘烤条件温度高 20℃而设定。如有异常及时通知维护人员处理。

5）按时进烤、出烤。下班前，须确保自动关闭已经设定。

6）保持钢盘、烘烤箱的清洁，做好 5S 工作。

7）钢盘内不允许贴标签；烤箱应 15d 清洗一次。

8）除支架、不锈钢盘、封模夹具以外的任何物品严禁带入烤箱。

7. 注胶作业操作

注胶作业流程如下。

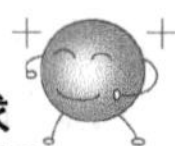

1）打开点胶机开关。

2）调试气压旋钮，调整注胶针筒气压。

3）将硅胶倒入针筒。

4）对针筒内胶水抽真空。

5）将抽好的针筒接入点胶机气管塞，脚踩气压开关，将针筒前端带气泡的胶体排出。

6）竖直手握针筒，脚踩气压开关，开始注胶，每台点胶机每次只能出烤两盘材料，其余材料继续放在烤箱内保存，待点胶桌面材料注完后再继续出烤两盘。注意：材料预热条件 70℃，0.5h，注胶前须确保夹具在热的状况下才可注胶，若夹具已冷却，须重新预热才可注胶，若夹具明显烫手，须等夹具变温后才可注胶。

7）将注好胶的材料静置 10min。

8）检查气泡。

9）将材料倒置，放入烤箱烘烤 120℃，1h（短烤）。

10）离模。

11）检查外观，再放入烤箱长烤（150℃，4h）。

12）工作完后，收拾台面，将胶水排出，清洗针筒。

第二节　异 常 处 理

一、设备异常处理流程编写规范要求

1. 设备异常处理的启动

生产设备异常出现时，班组长/线长不能处理或异常会导致停产时间超过考核规定时间时，应立即上报，或开出生产异常报告单进行处理。

2. 设备异常处理流程的内容

设备异常处理流程的内容应包含异常处理流程图、责任人、应用的表格、作业的内容。

3. 设备异常处理流程而对制定长期预防措施要求

设备异常处理流程而对制定长期预防措施要求是生产恢复正常后相关部门应对问题的深层次的原因加以分析，并在两个工作日内制定出长期预防措施.

4. 制定应急处理措施的要求

设备异常处理流程要求制定应急处理措施时相关部门负责人针对问题应在 30min

内制定出应急处理措施，制定措施时应尽可能地降低影响。

5. 应急措施的有效性验证

设备异常处理时应急措施的有效性由生产部与品质部共同验证，如验证不符合则重新制定相关措施。

6. 措施结果确认

设备异常处理措施的验证结果符合生产及品质相关要求，可以在恢复生产后由品质部和生产部对异常进行跟进确认。

7. 设备异常处理流程图

设备异常处理流程图如图 8-1 所示。

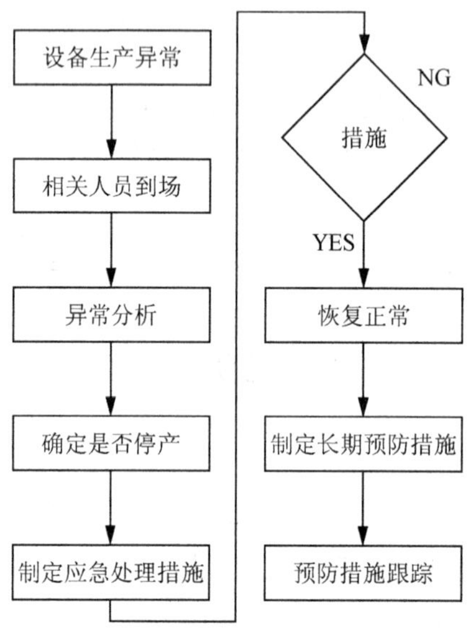

图 8-1　设备异常处理流程图要求（按照处理措施生产）

8. 应急措施失效的处理

设备异常应急措施失效时，生产开出生产异常报告单进行处理，并由责任部门（设备部）负责分析处理。

9. 预防措施跟踪

设备异常预防措施跟踪的处理要求为生产部应协同品质部对责任部门的长期预防措施执行结果进行跟踪。

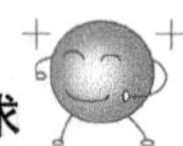

二、设备常见异常问题处理办法

1. 提示光强值过小（大），系统校准失败的处理办法

光电综合测试时，提示光强值过小（大），系统校准失败的处理办法如下。

1）先判断光谱类型：USB 和 232 串口。

2）检查标准灯是否点亮，解决方法：正确设置点亮参数（设置问题）。

3）检查是否材料光强过高，超过量程，解决方法：加装衰减片（积分球问题）。

4）检查光纤是否损坏，解决方法：更换光纤（光纤问题）。

5）检查光谱仪稳压直流源是否烧坏（或 USB 转接板损坏），造成多色仪不能正常工作解决办法：更换光谱仪（光谱问题）。

6）检查多色仪是否烧坏解决办法：更换光谱仪（光谱仪问题）。

7）检查光纤直径是否正确，光纤有 0.4mm 和 0.2mm 两种，解决办法：更换光纤。（光纤问题）。

8）更换光谱仪（光谱问题）。

2. 颜色测试时出现异常的原因

光电综合系统做颜色测试时出现杂波、齿形波，有时测不出数据的处理办法如下。

1）检查被测光源是否正常点亮，解决办法：正确设置点亮参数（设置问题）。

2）检查光纤是否损坏，解决办法：更换光纤（光纤问题）。

3）或更换光谱仪（光谱问题）。

3. 烧灯问题的处理办法

光电综合系统测试时烧灯问题的处理办法如下。

1）夹具线断，造成输出错误，解决方法：重新焊接（接线问题）。

2）电流设置过大，解决方法：重新设置（设置问题）。

3）样品品质问题，解决方法：换其他批次样品测试（材料问题）。

4. 固晶机在不合格的固晶点上焊接的处理办法

固晶机在不合格的固晶点上焊接的处理办法为重做固晶 PR，提高 PR 精度。

5. 固晶机无电源的处理办法

固晶机无电源时应检查控制电路熔丝，必要时做出更换；检查电线连接，必要时应重新连接；检查主电源功能（输出功率），若 UPS 损坏，则更换 UPS。

6. 自动焊线机器变形的焊接问题处理办法

自动焊线机器变形的焊接问题处理办法，如表 8-2 所示。

表 8-2　自动焊线机器变形的焊接问题处理办法

症　状	问题区域	校正行动
焊接过分挤压	超声波太高	降低超声波电力或焊接时间
	焊接压力太高	减少焊接压力
	温度过高	降低焊前区预热和焊接区域温度
	初始焊接压力太高	减少初始焊接压力（25～30g）
	CV 定制太高	降低 CV
	焊接或者焊线尺寸太小	设置焊线的大小
	磨损，损坏，或使用错误型号的焊针	更换焊针
	因芯片高度改变而提前碰撞	重新示教焊接高度，增加顶端高度（TIP）
焊接挤压不够	焊接压力，接触下限，温度，超声波太低	按需要增加
	焊球或焊线尺寸太大	纠正电弧烧球（FAB）大小的设置或安装正确尺寸的焊线

7. 自动焊线机显示中的焊盘不粘的处理办法

自动焊线机显示中的焊盘不粘（NSOP）的处理办法，如表 8-3 所示。

表 8-3　自动焊线机显示中的焊盘不粘的处理方法

问题区域		校正行动
工件夹具	一次焊接的焊垫没有正确固定	再校准工件夹具夹钳 重新示教 MHS 步进 确保真空吸住焊垫 清洁/更换加热块压板和夹板
	检查加热块是否与温度设置一致	调整预热和焊接区域的设定点温度偏移量值。要求用数码温度计
	检查器件翘曲	检查 P 部件的平坦度和平整性
参数/超声波	检查焊接参数（电源、时间、焊接压力、焊球大小、焊线大小、温度设定）	根据需要调整参数值，纠正一次焊接和二次焊接的设置
	检查超声波	执行超声波校准 检查焊针夹钳螺钉转矩 检查传感器的固定螺钉转矩 检查同轴电缆是否完全连接 USG 板上的同轴连接器

8. 分光分色机器常见异常处理

分光分色机器故障显示气压不足的处理如下。

1）检查气源是否开启。

2）检查气源开关是否开启。

3）检查气压传感器是否设置正确。

分光分色机器故障界面出现装料口处异常的处理如下。

1）检查放料入口是否卡料。

2）检查传感器 G2 是否正常。

3）检查装料部分是否正常。

分光分色机器的故障界面出现滑块分料口处异常的处理为检查滑块分料口处有无卡料，如有则将未掉落的材料排除。

分光分色机器出现积分球超时提示的处理如下。

1）检查光纤是否松动。

2）检查工控机是否正常运行。

第九章　封装设备故障处理与维护保养

第一节　故 障 处 理

一、LED 封装设备一般故障检修知识

1. 光电综合测试系统的光通量测试出现故障的处理办法

光通量不准或无法测试的处理办法如下。

1）检查标准灯是否点亮，解决方法：正确设置点亮参数（设置问题）。

2）检查主机积分球设置选择是否正确，解决方法：正确选择主机积分球设置（设置问题）。

3）检查光通量是否超过积分球量程，解决方法：加装光电滤光衰减片。

4）光通量探头接触不好，引起光通量测试跳动，解决方法：换线（接线问题）。

5）材料与夹具接触不良（接触问题）。

6）检查探针线是否脱落（接线问题）。

7）重新进行光通量校准（光通量定标）。

8）更换主机（主机问题）。

2. LED 自动焊线机器简单故障检修（断金线）

当 LED 自动焊线机器出现断金线时则需要以下分析处理如下。

1）检查框架是否被压好，是否有浮动；如有浮动取开压板检查加热块上是否有异物，如有异物则进行清洁；检查压板位置，是否由于盖板顶住而无法完全压下。

2）检查清洁打火杆，打火杆尖端污染会造成烧球不良引起断线，污染严重或尖端有损坏时更换打火杆，防止打火杆对压板打火，清洁靠近打火杆处的毛刺，必要时贴上高温胶布绝缘。

3）调节打火杆位置，打火杆位置不恰当也会造成放电不良影响烧球，检查打火杆锁紧螺钉是否锁紧。

3. LED 分光分色机器光谱数据无法采集的处理办法

LED 分光分色机器光谱数据采集不上来处理办法为如下。

1）检查光谱电源是否打开。

2）检查通信线是否连上。

3）检查是否选择了正确的通信口。

4. LED 自动固晶机紧急信号有效时的处理办法

LED 自动固晶机紧急信号有效时，其原因是急停开关打开，处理办法是关闭急停开关。

5. LED 固晶机工控机的问题分析与处理

LED 固晶机工控机的问题分析如表 9-1 所示。

表 9-1　LED 固晶机工控机的问题分析

故　障	可能原因分析
工控机不能启动	1）主电源没有供应到位 2）UPS 未打开或 UPS 损坏 3）环境恶劣——只能在一定的室温情况下工作
停留在 DOS 界面下	1）BIOS 设置错误 2）输入设备没有连接到位 3）硬盘损坏或数据丢失
无法进入操作系统	1）操作系统文件损坏 2）硬盘损坏或数据丢失
图像采集卡初始化错误	CCD 照相机与工控机没有连接到位
运动控制卡初始化错误	运动控制卡驱动丢失

其故障排除办法如下。

1）检查主电源及相关连接电路到位（工控机不能启动）。

2）检查 BIOS 是否设置正确（停留 DOS 画面）。

3）检查 CCD 相机与工控机是否连接到位（图像采集卡初始化错误）。

4）在工控机设备管理里是否可发现两个 CCD 相机（图像采集卡初始化错误）。

5）在工控机设备管理里是否可发现三张运动控制卡（运动控制卡初始化错误）。

6）打开工控机调换三张运动控制卡的位置（运动控制卡初始化错误）。

二、单片机基础知识

AT89C51 单片机最小系统组成包括复位电路、时钟电路、ALE 接电源。“外部中断 0”是 MCS-51 的中断源最优先处理的程序。若 MCS-51 单片机晶振频率为 f(MHz)，则一个机器周期为 $1/f$(μs)。

单片机定时器初值计算方法（采用 C 语言）如下。

按定时时间的计算公式计算出定时器的初始值 X。定时时间 $T=(2^N-X)12$/单片机晶振频率。其中，N 为定时器的工作方式。方式 0 时，$N=13$；方式 1 时，$N=16$；方式 2 时，$N=8$。

例如：若单片机的振荡频率为 12MHz，设定时器工作在方式 1 需要定时 1ms，则定时器初值应为 $2^{16}-1000$。

矩阵式键盘实现键盘处理需三步骤分别是扫描键盘、键译码和键处理。

三、可编程序控制器基础知识

1. 可编程序控制器的组成

可编程序控制器（PLC）主要由中央处理单元、存储器、输入/输出单元、电源和编程器等部分组成。PLC 有三种输出形式：继电器输出、晶体管输出、晶闸管输出，其中继电器输出最为常用。

2. 可编程序控制器的软元件

每个输出/输入点及内部储存单元都称为软元件，主要有如下几种。

1）输入继电器（X）。输入继电器与 PLC 的输入端相连，是 PLC 接收外部开关信号的元件，采用 8 进制地址编号。输入继电器必须由外部信号来驱动，不能采用程序驱动。

2）输出继电器（Y）。输出继电器与 PLC 的输出端相连，是 PLC 用来传递信号到外部负载的元件，采用 8 进制地址编码。

3）辅助继电器（M）。辅助继电器不直接对外输入、输出，经常用于暂存、移动运算等。

4）状态元件（S）。状态元件是步进顺控编程中的重要软元件，与步进顺控指令 STL 组合使用。

5）定时器（T）。定时器相当于时间继电器，时钟脉冲有 1ms、10ms、100ms 三种。其中，T0～T199 为 100ms 定时器。T200～T245 为 10ms 定时器。T246～T249 为 1ms 定时器。

6）计数器（C）。期分为高速计数器和内部信号计数器，其中内部信号计数器是对内部元件的信号进行计数的计数器，分通用型和掉电保持型。

7）指针（P/I）。

8）数据寄存器（D）。

3. 可编程序控制器的基本指令

LD、LDI、OUT 指令的使用举例如图 9-1 所示。

（1）逻辑取指令（LD、LDI）

1）含义：逻辑取指令，又称左母线连接指令，其中，LD 指常开触点与左母线相连，LDI 表示常闭触点与左母线相连。

2）操作元件：X、Y、M、S、T、C。

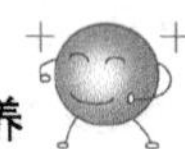

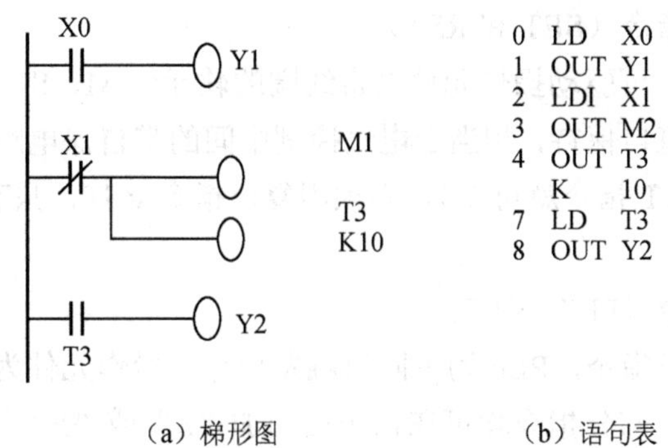

（a）梯形图　　　（b）语句表

图 9-1　LD、LDI、OUT 指令使用举例

（2）线圈驱动指令（OUT）

1）含义：线圈驱动指令。

2）操作元件：带线圈的元件 Y、M、S、T、C。

（3）触点串联指令（AND、ANI）

AND 表示后面所串为单个常开触点，ANI 则表示后面所串为单个常闭触点。所串个数没有限制，可以连续使用多次。AND、ANI 指令的使用举例如图 9-2 所示。

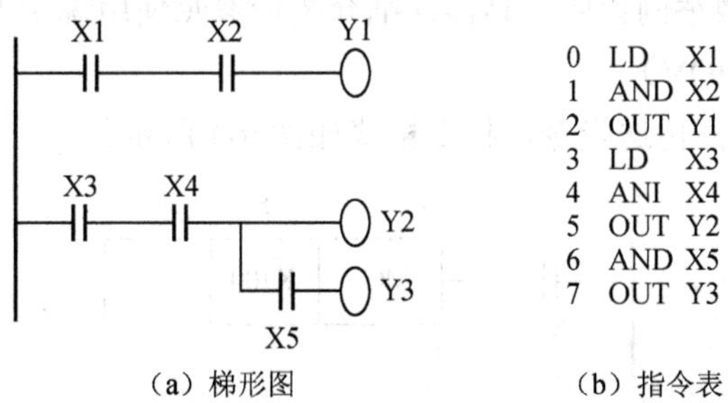

（a）梯形图　　　（b）指令表

图 9-2　AND、ANI 指令使用举例

（4）触点并联指令（OR、ORI）

OR 表示与上面并联的是一个常开触点，ORI 则表示与上面并联的是一个常闭触点，如图 9-3 所示。

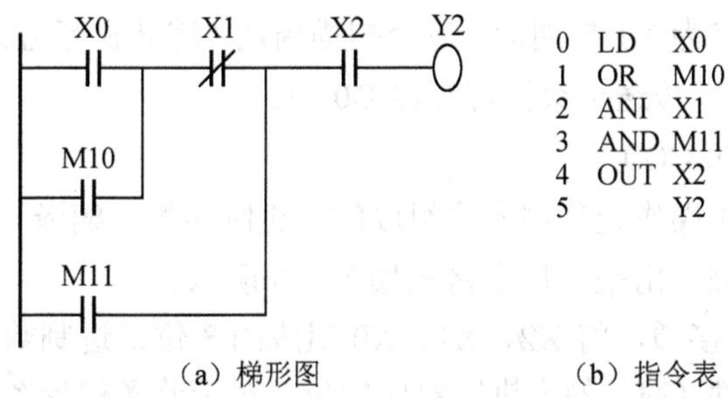

（a）梯形图　　　（b）指令表

图 9-3　OR、ORI 指令使用举例

（5）置位和复位指令（SET 和 RST）

SET 为置位指令，可驱动操作元件是带线圈的软元件 M、S、T、C、Y，该指令一旦执行一次就可以一直自保持，相当于电气控制中间的带自保电路，但是却不可以用触点去断开自保（如 OUT 指令就可以），必须用复位指令 RST，只有执行 RST 指令后才能解除自保。

（6）脉冲输出指令（PLS、PLF）

PLS 是上升沿触发指令，PLF 为下降沿触发指令，操作元件为 Y、M，但不能够操作特殊辅助继电器，大部分指令均可在指令后面加“S”或“F”，表示对所针对的触点只有上升沿或下降沿才能有效。

（7）程序结束指令（END）

END 表示程序结束，执行输出处理，无操作元件，因为三菱 PLC 编程软件共可编 8000 步，如果没有结束标志，则程序扫描时必须全部扫完，耗费扫描时间，所以为节约扫描时间，一般在程序结束时必须加上该指令。

4. 可编程序控制器的功能指令

功能指令本书只做举例说明，具体详细介绍请参照使用说明书。

（1）传送指令（MOV）

该指令为 16 位数据传送指令，指令格式如图 9-4 所示。

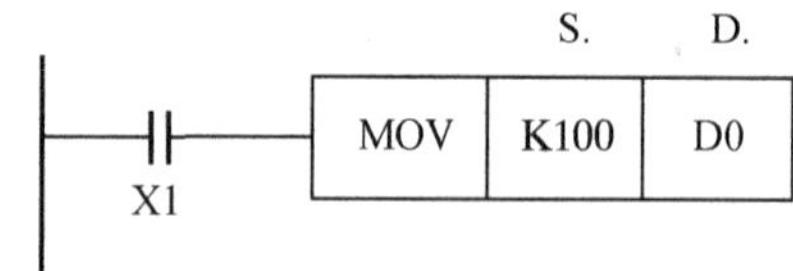

图 9-4　MOV 指令格式

其中，S 为源操作数（全部位元件和字元件数据，包括常数都可以做为源操作数据），而 D 为目标操作元件数据（常数和输入位元件 X 不能做为目标元件）。使用该指令时，不能直接与左母线相接，必须用触点隔开。

上述梯形图的含义为 X1 接通后，每个扫描周期（连续执行方式）该指令执行一次，将常数 K100（十进制）传送个数据寄存器 D0 中。

（2）译码指令（DECO）

该指令含义为将源操作元件中 *n* 位组成的二进制转换（翻译）为十进制，并从目标操作元件对应的位数描述出来。指令格式如图 9-5 所示。

梯形图含义：X0 接通，将 X2、X1、X0 组成的 3 位二进制数翻译为十进制，将翻译结果存放在目标元件（M）的十进制对应的位，对于此条梯形图，M0～M7 足以描述

3 位二进制数，并且只有一个为 ON，例如，X2、X1、X0 的状态为 101，则执行该指令结果为 M5 为 ON。

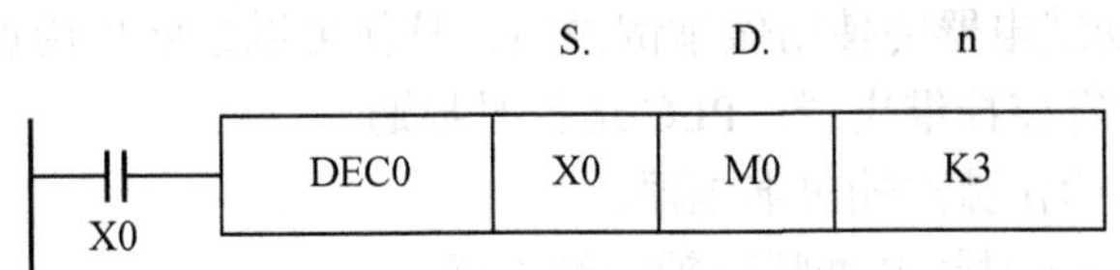

图 9-5　DECO 指令格式

（3）编码指令（ENCO）

该指令功能与译码指令恰恰相反，是将源操作元件中的十进制数值变为 *n* 位二进制存放到目标元件中，如果源操作数有多个 1，则仅最高位有效。指令格式如图 9-6 所示。

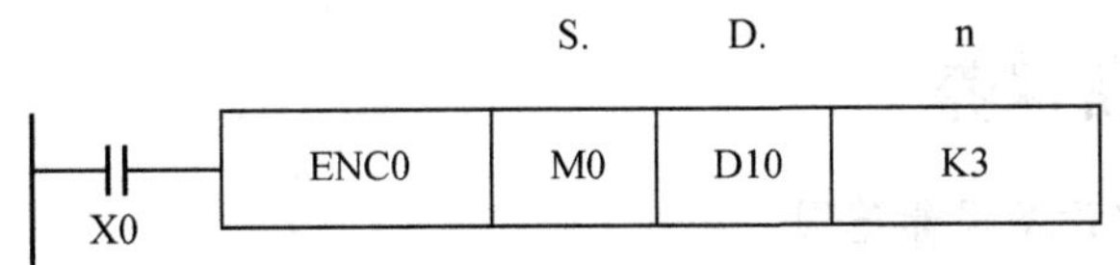

图 9-6　ENCO 指令格式

5. 可编程序控制器的步进指令使用

（1）状态元件 S 介绍

为了满足工业控制的需要和编辑复杂逻辑的要求，同时还要使程序方便检查、控制清晰，采用顺控指令编程，为此，需要专门的软元件："S"，三菱公司 FX 系列 PLC 配备了 1000 个状态元件。其中 S0～S9 为初始状态，S10～S19 为回零状态，S20～S899 为工作状态，S900～S999 为报警状态。

（2）状态转移图

对逻辑要求进行分析，将不同的工作步骤划分为不同的状态，根据工艺流程决定各状态之间的流向，用一个图来表示，就称为状态转移图。状态转移图是顺控指令编程的根本，一般开始是以 M8002（初始脉冲），将信号引入初始状态 S0，再利用启动按钮进入工作状态。

（3）步进顺控指令使用注意事项

1）步进触点与主母线连接，具有主控和跳转的作用。

2）状态继电器 S0～S899 只有使用 SET 指令后才具有步进顺控功能。

3）状态继电器可以按顺序使用，也可以任意选用。

4）步进接点后不能使用主控 MC/MCR 指令。

5）步进指令末尾要使用 RET。

6. 可编程序控制器特殊辅助继电器的使用

对部分特殊辅助继电器的使用做举例说明，具体可以参照使用说明书。

1）M8000 为运行监控继电器，PLC 运行时导通。

2）M8002 为初始化脉冲输出继电器。

3）M8011 为 10ms 时钟脉冲特殊辅助继电器。

4）M8012 为 100ms 时钟脉冲特殊辅助继电器。

5）M8013 为 1s 时钟脉冲特殊辅助继电器。

第二节　设备维护保养

一、固晶机设备保养

1. LED 固晶机设备保养范围

LED 固晶机设备保养范围包含如下内容。

1）机器的清洁。

2）机械传动部分保养。

3）电控部分保养。

4）空气压缩气回路。

2. 固晶机保养周期

固晶机保养周期，如表 9-2 所示。

表 9-2　固晶机保养周期

保养项目	保养周期	保养方法
清洁灰尘	每日	用无尘布和酒精清洁机器
联轴器螺钉	每月	固定电动机轴心的螺钉
滑轨滑块加油	每月	加油前先清洁脏油
螺杆	每月	加油前先清洁脏油
空气过滤器	每月	检查是否需要排水
机台螺钉	每月	检查并锁紧

3. 固晶机的滑轨保养要求

滑轨保养是所有的滑轨经擦拭清理干净后，需在各个滑块上油，以延长机器使用寿命（一般使用 30d 需清洁上油，建议润滑油用 NSK、NSL）。

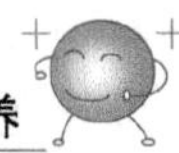

二、封装设备保养

1. 封装设备的轴承保养要求

轴承使用一段时间后，擦拭干净并确认是否有损坏，损坏的必须更换，并依据轴承上润滑油，减少摩擦延长寿命。

2. 设备电路控制部分保养目的

设备电路控制部分保养的目的是保持电路控制部分清洁，避免杂物掉入控制电路中以免造成线路短路损坏机器。

3. 设备空气压缩气回路保养目的

为确保进入设备空气品质，在空压机出口处加装干燥机，吸收压缩空气中的水分，确保空气品质，空气机须定期排水，保持空气的清洁。

4. 封装设备的螺杆保养目的

所有封装设备的螺杆经擦拭清理干净后，需在各个螺杆传动座和螺杆上油，保持最佳润滑效果以延长机器使用寿命。

5. 封装设备的各部位螺钉检查要求

对于封装设备，在经常传动部分机械上的螺钉，必须定期检查是否有松脱现象，再加以锁紧。

6. 滑轨/螺杆清洁目的

滑轨/螺杆工作一般时间会粘附很多脏物，必须用干净无尘布擦拭干净，再上润油，以延长机器使用寿命。

7. 电控内部清理目的

电子控制部分因工作产生静电，容易吸附很多灰尘，要经常清洁其工作区域及四周，不可有其化异物存在，以免造成短路现象，使机器损坏。

三、自动焊线机器保养

1. LED 自动焊线机器日保养范围

LED 自动焊线机器日保养范围如下。

1）清洁导气装置。

2）检查清洁线路径。

3）检查焊针状态。
4）检查并清洁焊线。

2. LED 自动焊线机器月保养范围

LED 自动焊线机器月保养范围是清洁焊线夹钳和检查夹钳间距。

3. LED 自动焊线机器季度保养内容

LED 自动焊线机器季度保养内容如下。
1）清洁 MM1 和鼠标。
2）检查 EFO 打火杆设置/装置。
3）清洁导气装置。
4）测试 EMO 开关（紧急停机）功能。
5）检查电源空气过滤器，按需要替换过滤器。
6）检查支架空气过滤器，按需要更换过滤器。
7）检查空气/真空软管。
8）检查附属硬件/连接器。
9）对附属硬件丝杆除尘加油。

4. 焊线机器条件性维护内容

焊线机器条件性维护内容如下。
1）根据需要检查外部气压系统。
2）根据需要，检查输入气压和输入空气过滤器。
3）每次更换线轴的时候，检查进线专职是否振动。
4）清洁/检查焊线夹钳线管。
5）根据需要，清洁物镜。
6）根据需要，清洁 CCD 显示器/屏幕，校准 PRS 检查光学设备焦距，检查倾斜照明器的一致性，清洁显微透镜。

5. LED 自动焊线机器年保养

除了日、月、季保养的范围外，还需要执行以下保养。
1）检查电源直流电压。
2）更换导电轴接触弹簧。
3）检查传感器对正。
4）检查 Z 编码器信号振幅。
5）清洁 X 和 Y 电动机。
6）检查 X 和 Y 电动机空气软管的状态。

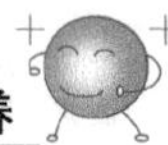

7）润滑 X 滑轨以及前 Y 和后 Y 滑轨轴承。
8）润滑后 Y 连线轴承。
9）检查固定 Y 轴接地带的硬件。

6. LED 自动焊线机的一般性维护知识

LED 自动焊线机的一般性维护知识如表 9-3 所示。

表 9-3 LED 自动焊线机的一般性维护

维修	频率	工具/材料	备注
检查/清洁焊线机	8h	吸尘器 无绒布	清除灰尘、污垢和异物
检查外部气压系统	根据需要	无	从空气过滤器中出去污垢/水。检查工厂设施供应压力。必须设为 65～80psi（$1psi=6.89\times10^3Pa$）

7. LED 自动焊线机器下层工作台维护内容

LED 自动焊线机器下层工作台维护内容如表 9-4 所示。

表 9-4 LED 自动焊线机器下层工作台维护内容

维修	频率	工具/材料	备注
清洁 MMI 和鼠标	200h	温和的洗涤剂、软布	用稀释的清洁剂沾湿抹布，清洁 MMI 的表面和鼠标球
检查系统输入空气过滤器	根据需要	小容器、过滤器元件，部件号 148000-0010-001	检查过滤器是否有油或者潮湿 检查过滤器元件的状态 根据需要为过滤器排水，或者更换过滤器元件

8. LED 自动焊线机器上层工作台维护要求

LED 自动焊线机器上层工作台维护要求如表 9-5 所示。

表 9-5 LED 自动焊线机器上层工作台维护要求

维修	频率	工具/材料	备注
清洁进线导气装置	8h（非无尘室）	柔软，无绒布	
	200h（无尘室）	异丙醇	

9. LED 自动焊线机器上层工作台维护

LED 自动焊线机器上层工作台维护的检查系统气压如表 9-6 所示。

表 9-6　LED 自动焊线机器上层工作台维护的检查系统气压

维修	频率	工具/材料	备注
检查系统气压	根据需要	无	检查固定在主要空气歧管组件上的仪表的压力。应该设为 55psi。按需要调整输入空气调节器。如果压力不能设为 55psi，检查外部空气系统

第十章　设备故障分析

第一节　设备基础知识

一、LED 封装设备结构基本原理

1. LED 自动固晶机六大系统

LED 自动固晶机六大系统如下。

1）吸晶摆臂系统。
2）点胶系统。
3）推顶器系统。
4）晶片台系统。
5）固晶工作台系统。
6）光学系统。

2. LED 自动焊线机系统构成

LED 自动焊线机系统包括下层控制台、XY 工作台、MHS 物料处理系统、进线系统（上层控制台）、焊接台、视觉系统与光学元件、软件。

二、封装设备电气线路控制知识

1. 设备操作的注意事项

设备操作的注意事项为必须遵守操作手册中所包含的一些谨慎和警告信息，以保证安全及流畅操作，在接通机器电源之前，必须先确认电压及电流是否与机器标示相符合。

2. 光纤传感器的自动设定方法

光纤传感器的自动设定方法为按下 SET 键，物体通过光轴，直到校正指示灯（橙色 LED）闪烁；放掉 SET 键校正指示灯停止闪烁。数码管显示仲裁值一秒钟后显示现实值。此设置的仲裁值是光线传感器测试到的光线强度的中间值。

第二节　LED 封装设备故障分析方法

LED 自动焊线机器眼点搜索错误时，按照以下方法进行分析。

1）设备开始运行，试做几个引线框，观察 MHS、LF（引线框），检查 PRS 或光学系统是否有问题，如有问题（无问题按 2）进行）检查光学元件并调整，增加扩散器气压示教眼点（改变照明或更换眼点区域），执行 PRS 校准，检查问题是否解决，如没有则返回第一步。

2）设备运行开始，试做几个引线框，观察 MHS、LF（引线框），检查 PRS 或光学系统是否有问题，如无问题检查引线框是否有问题，如 LF 有问题检查其厚度并更正，检查是否真空，如无真空要检查气动系统并调整，执行夹钳校准（引线框如无问题，则看问题是否解决，否则返回第一步）。

第十一章 培训指导

第一节 培训要求及重点

一、培训要求

1. 固晶机安全规范要求

LED 自动固晶机安全规范要求如下。

1）阅读手册，使用者必须完全熟悉机器操作。

2）确认仪器设备的要求，最终使用者必须遵照机器手册说明的规格及机器的标签去检查电压、电流及空气压力是否符合机器规格。

3）在对机器维修时，应拔掉电源插头，为了避免电气带来的任何伤害及保护人身的安全，当对机器进行维修时，应断开主电源。

4）拔掉电源后，应等待 5min，为避免任何电气带来的危害，需进行止步操作，因为高容量电容器正常放电需要 5min。

5）门与机盖必须关上并上锁，仅有在必须要时才能将门打开，以避免发生触电意外。

6）严格遵照预防维修保养计划。为使机器高效率，运转及延长服务寿命，必须依照预防维修保养计划对机器进行定期维护保养。

2. 封装设备培训的基本要求

培训时要由负责部门制订培训计划、明确培训对象和目的要求，并予以考核记录。

3. 封装设备培训内容

培训的内容应该包括如下内容。

1）设备的安全注意事项与安全标志识别、应急处理办法。

2）设备的操作界面学习。

3）设备操作规程学习。

4）设备操作要领与步骤学习。

5）设备的维护与保养和设备管理方法与流程。

6）简单故障分析与处理。

4. 编制设备培训内容的要求

编制培训内容时要结合实际，不要泛泛而谈。

二、培训的重点

要结合现场管理的难点、重点和风险点，借鉴设备出现过的问题、违规事件、操作人员的情况、处理方式与流程的合理性及以往的日常保养和维护检修情况来进行。

第二节　培训内容及准备

一、培训内容

（一）LED 自动焊线机（K&S）上层界面培训

K&S 全自动焊线机操作员界面图如图 11-1 所示。

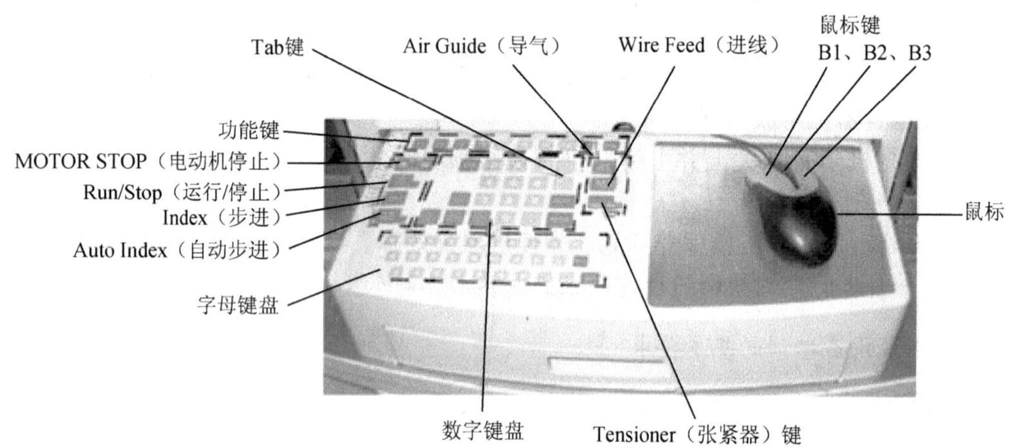

图 11-1　K&S 全自动焊线机操作员界面图

K&S 全自动焊线机操作员界面各键介绍如下。

（1）Wire Feed（进线）键

当按下该键时，线轴旋转进线。

（2）Tensioner（张紧器）键

当按下该键可将真空装置设为焊线张紧器打开或关闭。当真空装置处于焊线张紧器打开时，Tensioner 指示灯状态是亮起的。

（3）Air Guide（导气）键

按下该键可将气压设为导气打开或关闭。当气压处于导气打开时，Air Guide（指示灯状态的是亮起的。

（4）Escape（退出）键

在系统菜单中 Escape 键是退出当前菜单，按 Escape 键相当于按“取消”键，激活返回功能。

（5）Tab 键

Tab 键用于在数据输入区之间移动光标。如果对话框包含多页，可以用上/下 Tab 键来翻页。

（6）Shift 键

按住“Shift＋Escape”从所有菜单中退出，直接回到模式栏。按住 Shift 同时按住 Minus/decimal point 键生成减号（－）。“Shift＋F#”选择相应的上层功能按钮。

（7）Eeter 键

在数据输入区输入数据后，按 Eeter 键将该数据记录到焊接机存储器中。如果某特定菜单通过方框突出显示，按 Eeter 键即选择该项目。

（8）MOTOR STOP（电动机停止）键

当选定后，将禁用所有伺服电动机。该功能不会切断电路板或者电力供应的电源。焊接机和 MHS 操作停止。焊接机进入待机模式，显示待机模式对话框。必须按下该按键的两个开关，才能激活 MOTOR STOP，如图 11-2 所示。

（9）Run/Stop（运行/停止）键

键用于启用或禁用机器。当机器处于自动模式时，该键的灯亮起。在自动模式下，按下该键将启用顺序停止模式。该键只可在自动和停止模式下操作。

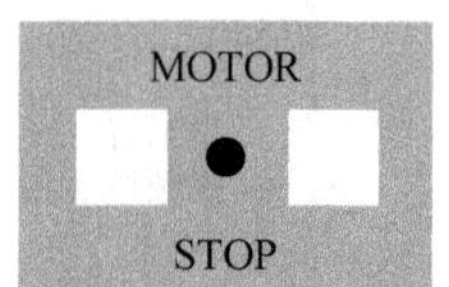

图 11-2 MOTOR STOP 键

（10）Index（步进）键

该键用于指示 MHS 执行一个步进周期。该功能是否有效取决于焊接机的状态。

（11）Auto Index（自动步进）键

该键用于指示 MHS 在焊接每个器件之后步进，仅在自动模式中有效。

（12）鼠标/鼠标键

鼠标的基本功能是在屏幕上移动指针和光标。鼠标分别有三个键：左键 B1、中键 B2、右键 B3。按下 B2，可以控制工作台 X 和 Y 轴方向的移动（定位）。在不同操作界面它们所代表的功能也有区别。在操作期间，显示器的信息框会指示在当前的操作界面三个键代表的功能和定义，监视器屏幕鼠标键指示如图 11-3 所示。

（13）数字键和字母键

数字键和字母键用做从模式栏进行选择或者激活对话框中操作模式的“热键”。数字键也被用来向数据输入区输入操作数据或参数值。字母则由字母键输入。可使用零键代替对话框中的“完成”或“下一步”按钮。

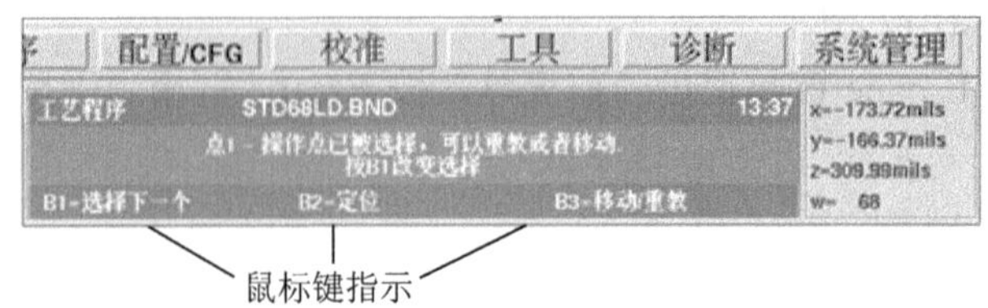

图 11-3　监视器屏幕鼠标键指示

1. *屏幕的主要元素及含义*

视频监视器屏幕元素如图 11-4 所示。

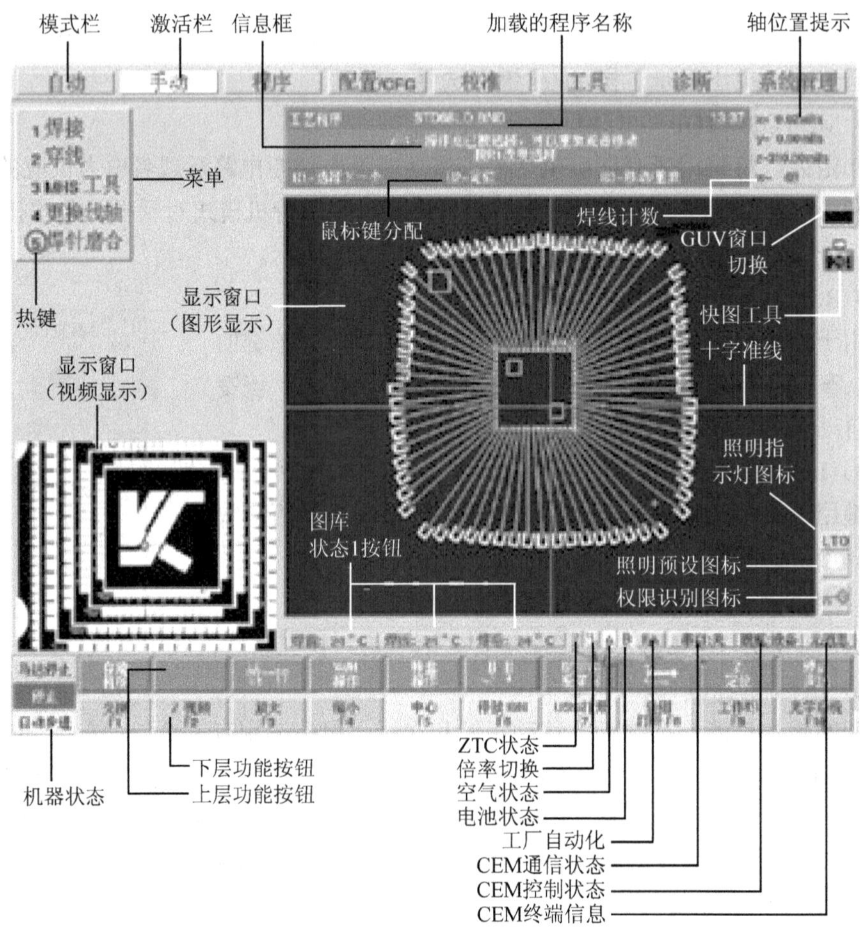

图 11-4　视频监视器屏幕元素

介绍如下：

（1）模式栏

启用的模式在屏幕顶端模式栏上高亮显示。这些模式包括自动、手动、程序、配置、校准、工具、诊断及系统管理。通过按下模式按钮中显现的数字（热键），或将光标在模式按钮上定位，然后按下 B1 键（鼠标左键）来选择模式。

（2）菜单

菜单显示出可以于某个模式或前个菜单层级的操作。要退出菜单，按 Escape 键或将指针放在标题栏上（子菜单顶部的白色区域），然后按 B1 键。要选择菜单项，按项目的数字键，或将指针定位在该项上，然后按 B1 键。

（3）对话框

通常对话框在某个菜单项被选择的时候显示。对话框相当于作业员和已选功能之间的沟通界面。对话框可能只包含有关如何执行某个任务的指令，或要求作业员输入与之前被选菜单项有关的数据。对话框的控制元素包括操作模式、滑动条、单选按钮、微调按钮、控制按钮和数据输入区等。

（4）显示窗口

在屏幕上有两个显示窗口（一大和一小）。一个窗口显示实况视频，另一个显示可以分辨焊接区域的关键组件的代表图形。图像可以在大小窗口之间切换，选择“交换 F1”键即可。

（5）十字准线

十字准线是显示在窗口上的图形图像十字准线有两个功能：瞄准参考点和瞄准焊接位置。在第二个功能中，十字准线代表了焊针在器件上的位置。当指针（箭头）放在视频或图形窗口中，它呈现一个小十字准线的形状，目的是为了主要的大十字准线选择位置。按下鼠标中间键 B2 使焊接头将十字准线定位到指针的位置。

（6）F#键

F1-交换：使视频和图形图像切换窗口。

F2-Z 视频：以数码形式放大视频图像，视频放大的三个倍率等级是 100%、200%、400%。重复按下 F2 依次循环显示 3 个等级。

F3-放大：放大图形图像。每按一次键，倍率增加一个层级，共有 19 个层级。

F4-缩小：缩小图像图像。每按一次键，倍率减少一个层级，共有 19 个层级。

F5-中心：将 XY 工具台定位到其行程极限的中间。

F6-停放 B/H：将焊头定位到其行程极限的右后远角。

F7-USG 打开/关闭：将超声波发生器设置为打开或关闭。选择该按钮可以在堵瓷嘴的时候或清洗时用，标准功能分配图如图 11-5 所示。

交换 F1	Z 视频 F2	放大 F3	缩小 F4	中心 F5	停放 B/H F6	USG打开 F7	夹钳 打开 F8	工作灯 F9	光学系统 F10

标准功能分配									
F1	F2	F3	F4	F5	F6	F7	F8	F9	F10
交换	Z视频	放大	缩小	中心	停放 B/H	USG 打开	夹钳 打开	工作灯	光学 系统
						USG 关闭	夹钳 闭合		

图 11-5　标准功能分配图

（7）Shift＋F#

保存程序（Shift＋F1）：将当前的工艺保存到默认的驱动器。

操作状态（Shift＋F2）：操作状态（整机生产效率）按钮根据 SENI E10 标准和指定的背景颜色显示当前机器状态，如表 11-1 所示。

表 11-1　OPE 状态和颜色代码

状态	按钮颜色
生产	绿色
待机	黄色闪烁
工程	蓝色
按计划停机	黄色
无材料	橙色闪烁
计划外停工	砖色
无操作	红色闪烁
无定期时间	黄色

配置图形显示（Shift＋F3）：显示一个对话框，允许用户显示或者隐藏焊接区域标签、焊线标签和图形覆盖。

工件夹具操作（Shift＋F4）：工件夹具操作。显示工件夹具实用程序菜单。

料盒操作（Shift＋F5）：料盒处理器操作，显示料盒处理系统工具菜单。

EFO（Shift＋F6）：执行焊线的电子打火。

BND HT 重学习（Shift＋F7）：焊接高度重新学习。强制焊接头 *Z* 轴自我示教焊针接触器件的点。

XY 定位（Shift＋F8）：切换启动或停止锁定 *X* 和 *Y* 轴定位。当启用该功能时，禁止 Z 定位。该功能通过使用鼠标箭头控制 *X*/*Y* 轴的移动来进行微定位。

Z 定位（Shift＋F9）：打开或关闭 *Z* 定位。当启用 *Z* 定位时，禁用 *X*/*Y* 定位。该特性允许使用向上和向下箭头键控制 *Z* 轴运动。

停靠步进（Shift＋F10）：强制工件夹具上的步进器回到停靠位置，远离工件夹具。

2. 机器 MHS 系统构成

MHS 物料处理系统构成如图 11-6 所示。

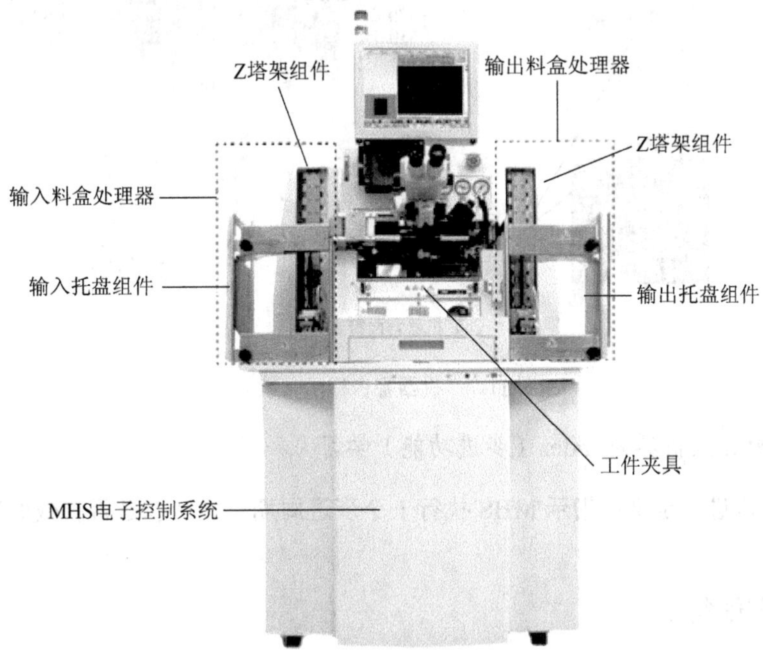

图 11-6　MHS 物料处理系统构成

3. 警告标示学习

警告标示如图 11-7 所示。

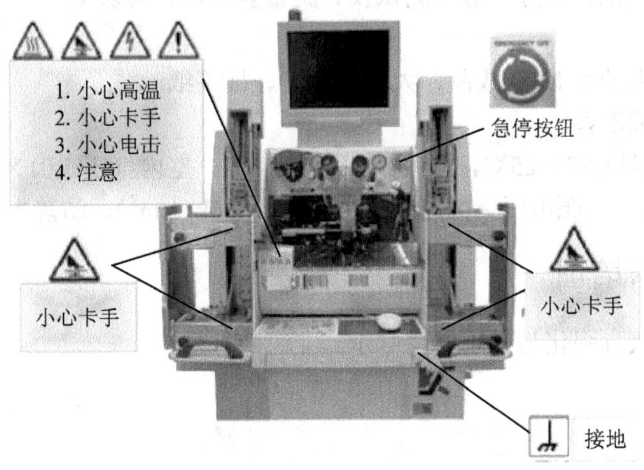

（a）机器正面警告标示

图 11-7　机器警告标示

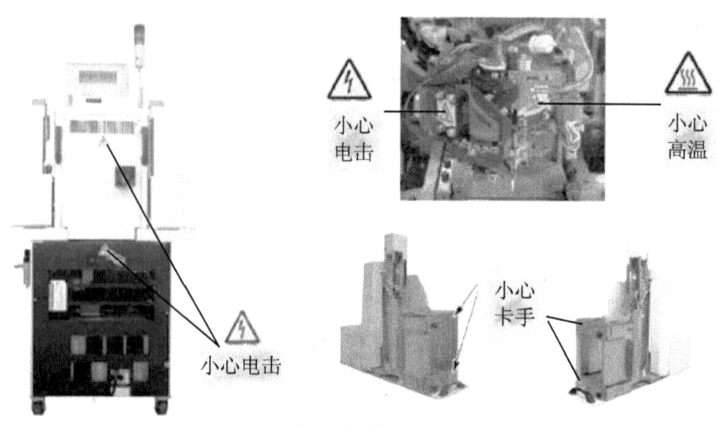

（b）机器背面警告标示

图 11-7 机器警告标示（续）

（二）MMI 人机界面 Index（步进功能）学习

Index（步进）定义：指示 MHS 执行一个步进周期。该功能是否有效取决于焊接机的状态。

二、培训准备

LED 分光分色机器操作培训所需设备与材料如下。

（1）设备及使用工具

设备及使用工具包括：大功率自动分光分色机、防静电袋、标签打印机、标签、防潮、铝盘、料盒、显微镜（40 倍可调）、温度计、湿度计、防静电手套、手指套、推车、记号笔、酒精、气枪、台灯、静电测试仪、腕带静电环、垃圾筒。

（2）物料

使用物料有大功率 LED 成品、大功率料管、标签纸。

（3）车间环境准备

车间环境：温度 20～25℃，湿度 30%～70%RH，室内气压 1.01×10^6Pa，交流电压（AC）220V/50Hz，气源电压（0.5±0.1）MPa（4～6kg/cm^2），防静电（ESD）。

三、警告标示培训

培训时必须认真强化与识别安全标示。

第十二章　组织与管理

第一节　生 产 管 理

1. 指令单识别的内容

指令单是生产的依据，指令单包含的内容包含：客户编号，订单号，指令单号，物料编码，产品型号，订单数，交货日期，投产日期，主要材料的要求，主要工艺要求，投料数，A、B、C 类产品的成品合格率等。

2. 主要材料工艺定额定义

工艺定额是按照试生产所得到的情况，算出一个标准的成品率（包含各个工序的调试及正常生产的合格率），再按照这个成品率，计算出生产订单产品数量所需的原料数（标准定额）。实际领料数量是指实际从仓库中领取的数量（由于芯片是整张的，支架是整包的，不方便拆分，所以领料时一般会多领一些）。

3. 投料数与产品分类定义

投料数就是一共领取的原料数（包含支架，芯片）。

产品分为 A、B、C 三类其中 A 品为合格品，B 品为可以使用的不合格产品（可以点亮，但是不符合这次的产品要求），C 品为废弃的产品。一般，会将 B 品中，哪一项不合格（电压，波长等）列出来，以便于分析原料及生产中可能出现的问题。

4. 包装的内容

包装时的物品包含防静电包装袋、数量、合格证、产品等。

5. 前道主要工艺要求的内容

封装前道主要工艺要求的内容：芯片参数、极性要求、芯片极性图等。LED 前道工序包含固晶、焊线两部分。

第二节　质 量 管 理

1. 芯片来料检验的项目

LED 芯片来料检验的项目包含：包装、外观、尺寸、性能的要求。

2. 芯片电极变形质量缺陷识别方法

电极最大方向的直径为最小的 1.25 倍且一张 Wafer 有 0.5%污染现象就属于 CR（严重缺陷）。

3. LED 焊线检验不良项目

LED 焊线检验不良项目如表 12-1 所示。

表 12-1 焊线检验不良项目

项 目	要 求
焊球大小	第一焊球为线径 2～3 倍之间；第二焊球为线径 3.2～4.8 倍之间，首件检验必须大于 3.8 倍
焊球位置	焊球超出芯片电极不合格
虚焊	从金线拉力、金球推力判定是否合格
拉力	线径 1.25mil 时，大于 13g，线径 1.0mil 时，大于 6g（不同厂家有差异）
偏焊	一焊点不可超出电极的范围，二焊点不可超出支架中心点的 1/3
弧度	金线弧度要自然弯曲
线弧间距	线弧不可碰到铜柱，金线与铜柱距离不小于 0.5mm 否则为不合格
塌线	金线有塌线现象不合格

4. 调荧光粉胶的工艺要求

调荧光粉胶的工艺要求：每天下班前对电子称整洁度进行保养，不能残留胶体及荧光粉或者其他杂质。上班时对电子称预热 10min 并且需要对其进行校正（水平校正及精确度校正）。

严格执行配胶加粉顺序（图 12-1）和按作业指导书进行。

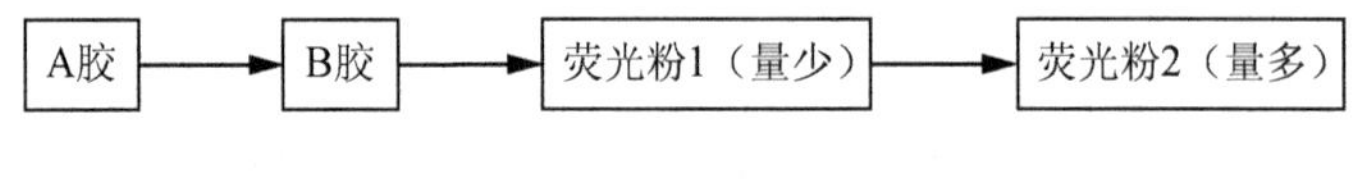

图 12-1 配胶加粉顺序

注意：胶水添加顺序原则是密度大的先添加，再添加密度小的胶水。使用新胶水前注意胶水的密度和比例。

配胶桌面只允许放置当时需要配置产品的原物料、配胶记录表、记录使用笔、计算器等。其他与配胶无关的东西禁止放置在配胶桌面上。用完的空瓶需及时处理，不能放在配胶桌面上。

5. 分光分色档外产品处理方法

符合企业标准的产品入良品仓，白光没有 BIN 位的产品打颜色超范围字样标签入超范围仓，死灯（不亮）材料入不良品仓。

6. 分光分色不良品处理流程要求

1）生产部作业人员根据生产单号及客户代码导入分光方案，用大功率标准件校正机台，知会 IPQC 确认是否合格。同时，对已经经过外观检查的良品材料用记号笔在每片支架进行编号。不良品标示后交责任部门分析原因。

2）IPQC 确认合格则开始对已编号的材料进行测试分级.同时知会 QC 实验室领取材料做出货信赖性实验。

3）待实验室发出货信赖性实验合格通知后，把良品入良品仓，不良品标示后入不良品仓，电性和颜色挡外品入超范围仓。

4）不良品做出原因分析并找到对策予以解决。

附录A 职 业 标 准

1. 职 业 概 况

1.1 职业名称

封装工（LED）。

1.2 职业定义

使用封装设备，从事半导体发光二极管（LED）进行封装加工的人员。

1.3 职业等级

本职业共设四个等级，分别为中级（国家职业资格四级）、高级（国家职业资格三级）、技师（国家职业资格二级）、高级技师 （国家职业资格一级）。

1.4 职业环境

室内，恒温，恒湿。

1.5 职业能力特征

手指、手臂灵活，动作协调，视觉无色盲、听觉无障碍、嗅觉功能正常。具有较强的学习、沟通协调、解决问题和创新能力。

1.6 基本文化程度

高中毕业（或同等学历）。

1.7 培训要求

1.7.1 培训期限

全日制职业学校教育，根据其培养目标和教学计划确定。晋级培训期限：中级工不少于 240 标准学时；高级工不少于 200 标准学时；技师不少于 180 标准学时；高级技师不少于 180 标准学时。

1.7.2 培训教师

培训中级工、高级工的教师，应具有本职业技师以上职业资格证书或相关专业中级、高级专业技术职务任职资格；培训技师和高级技师的教师，应具有本职业高级技师职业资格证书2年以上或相关专业高级专业技术职务任职资格。

1.7.3 培训场地设备

标准理论教室；具备必要的LED封装设备及工具，且温度、湿度、采光、照明、安全均符合作业规范的操作场所。

1.8 鉴定要求

1.8.1 适用对象

从事或准备从事本职业的人员。

1.8.2 申报条件

中级工（具备以下条件之一者）：

（1）取得经劳动保障行政部门审核认定的，以中级技能为培训目标的中等以上职业学校本职业（专业）毕业证书。

（2）在本职业连续工作2年以上。

（3）经本职业（工种）中级正规培训达规定标准学时数，并取得毕（结）业证书。

高级工（具备以下条件之一者）：

（1）取得本职业中级职业资格证书后，连续从事本职业工作2年以上，经本职业高级正规培训达规定标准学时数，并取得毕（结）业证书。

（2）取得本职业中级职业资格证书后，连续从事本职业工作3年以上。

（3）取得高级技工学校或经劳动保障行政部门审核认定的、以高级技能为培训目标的高等职业学校本职业（专业）毕业证书。

（4）大专以上本专业或相关专业毕业生。

（5）非本专业大专以上毕业生，连续从事本职业工作2年以上。

技师（具备以下条件之一者）：

（1）取得本职业高级职业资格证书后，连续从事本职业工作2年以上，经本职业技师正规培训达规定标准学时数，并取得毕（结）业证书。

（2）取得本职业高级职业资格证书后，连续从事本职业工作3年以上。

（3）取得本职业高级职业资格证书的高级技工学校本职业（专业）毕业生和大专以上本专业或相关专业毕业生，连续从事本职业工作满2年。

高级技师（具备以下条件之一者）：

（1）取得本职业技师职业资格证书后，连续从事本职业工作 2 年以上，经本职业高级技师正规培训达规定标准学时数，并取得毕（结）业证书。

（2）取得本职业技师职业资格证书后，连续从事本职业工作 4 年以上。

1.8.3 鉴定方式

中级工与高级工的鉴定方式分为理论知识考试和技能操作考核。理论知识考试采用闭卷笔试方式，技能操作考核采用现场实际操作方式。理论知识考试和技能操作考核均实行百分制，成绩皆达 60 分以上者为合格。技师、高级技师的鉴定还须进行综合评审。

1.8.4 考评人员与考生配比

理论知识考试考评人员与考生配比为 1∶20，每个标准教室不少于 2 名考评人员；技能操作考核考评员与考生配比为 1∶5，且不少于 3 名考评员。

1.8.5 鉴定时间

理论知识考试时间不少于 90 min；技能操作考核时间：中级不少于 120 min，高级不少于 150 min，技师不少于 180 min，高级技师不少于 240 min；论文答辩时间不少于 45 min。

1.8.6 鉴定场所设备

理论知识考试在标准教室里进行；操作技能考核应在具备必要的 LED 封装设备及工具，且温度、湿度、采光、照明、安全均符合作业规范的操作场所里进行。

2. 基本要求

2.1 职业道德

2.1.1 职业道德基本知识

职业道德是职业特点对道德的要求，包括：道德准则、道德情操、道德品质，是从事这一行业的行为标准和要求，也是对社会承担的责任和义务。

2.1.2 职业守则

（1）遵守法律、法规和有关规定。

（2）爱岗敬业、团结协作，具有高度的责任心。

（3）严格执行工作程序、工作规范、工艺文件和安全操作规程。

（4）爱护设备及辅助工量具。

（5）着装整洁，符合规定；保持工作环境清洁有序，文明生产。

2.2 基础知识

2.2.1 计算机基础知识

（1）计算机软件应用知识。
（2）计算机硬件知识。

2.2.2 电子电工基础知识

（1）电工基础知识及测量知识。
（2）模拟电路知识。
（3）数字电路知识。
（4）驱动电源。
（5）传感器知识。

2.2.3 专业基础知识

（1）半导体照明基础知识。
（2）半导体基础知识。
（3）光学基础知识。
（4）电子 CAD 知识。
（5）单片机知识。
（6）PLC 知识。

2.2.4 机械基础知识

（1）机械制图与机械测量。
（2）液压气动。

2.2.5 安全文明生产与环境保护知识

（1）现场文明生产要求。
（2）安全用电知识。
（3）安全操作知识。
（4）环境保护知识。

2.2.6 质量管理知识

（1）企业的质量方针与岗位的质量要求。
（2）岗位的质量保证措施与责任。

2.2.7 相关法律、法规知识

（1）劳动法相关知识。
（2）合同法相关知识。

3. 工 作 要 求

本标准对中级、高级、技师、高级技师的技能要求依次递进，高级别包括低级别的要求。

3.1 中级

职业功能	工作内容	技能要求	知识要求
一、封装前准备	（一）封装结构	1. 能够识别小功率 LED 的封装结构 2. 能够根据要求选用小功率 LED 的封装形式	1. LED 封装技术的概念 2. LED 封装的方法 3. 芯片结构基础知识
	（二）封装材料	1. 能够识别小功率 LED 的封装材料 2. 能够选择小功率 LED 封装所需的基本材料	1. 导电材料分类 2. 绝缘材料知识 3. 荧光粉基础知识 4. 半导体材料基础知识
	（三）封装工艺	能够按照小功率 LED 特点与技术参数要求，选择合适的 LED 封装工艺	1. LED 发光原理与技术参数 2. LED 封装的基本工艺流程 3. 防静电基础知识 4. LED 封装环境要求
二、封装设备操作	（一）设备点检	1. 能够在开机前对设备的外表、电、气情况进行检查，确保设备能正常工作 2. 能填写点检表格	1. 设备点检规范要求 2. 设备正常运行参数
	（二）设备操作	1. 能够按照生产工艺的要求操作封装设备（固晶、焊线、封胶、测试）之一进行 LED 封装作业，并填写生产报表 2. 能够按照工艺要求进行补料、换料、更换夹具操作	1. LED 封装设备的种类、特点和适用范围 2. LED 设备生产指令识读和日报规范要求 3. LED 封装设备的操作规程 4. 生产作业规范
	（三）异常处理	1. 能够正确处理设备报警、断电、断气、电压与气压等异常问题 2. 出现异常情况时，能正确停机	1. 设备管理规范要求 2. 品质异常处理的规范要求 3. 液压气动知识 4. 传感器知识
三、封装设备维护保养	设备维护保养	能够按计划对封装设备进行日常维护保养，并能填写保养记录	1. LED 封装设备、辅助设备的维护保养知识 2. 仪器仪表、专用工具的使用知识 3. 设备安全用电知识 4. 6S 管理要求

3.2 高级工

职业功能	工作内容	技能要求	知识要求
一、封装前准备	(一)封装结构	1. 能够识别中、大功率LED封装结构 2. 能够根据要求选用中、大功率LED的封装形式	1. 白光LED封装的典型结构 2. 半导体晶体结构基础知识 3. 白光LED原理
	(二)封装材料	1. 能够选用合适的荧光粉与芯片 2. 能够识别中、大功率LED封装材料的质量问题	1. LED封装材料可靠性检测方法 2. LED封装材料的规格与质量要求 3. 荧光粉知识
	(三)封装工艺	1. 能按照中、大功率LED特点与技术参数要求，选择合适的LED封装工艺 2. 能够控制LED固晶、焊线、点胶、封胶、分光分色的生产工艺	1. 白光LED封装的基本工艺 2. 封装工艺流程与技术参数
二、封装设备调试	(一)设备调试	能够按照产品质量要求，对设备的程序、运行参数、气压、电压、夹具进行调试	1. LED 封装设备参数设置与程序调试知识 2. LED产品工艺与质量分析基础知识 3. 计算机基础（软件）知识
	(二)设备校正	1. 能够对LED分光分色、LED光电综合测试设备进行参数校正 2. 能够对固晶机、焊线机、封胶机、分光分色机、光电综合测试系统、封烤关键设备进行校正 3. 制订定期计量校正计划	1. 设备系统参数设置与校正知识 2. ISO 9000质量标准体系基础知识
三、封装设备操作	(一)设备操作	1. 能够编写简易设备操作作业指导书 2. 能够按照生产工艺的要求操作封装设备，进行LED封装作业	1. 作业指导书识读要求 2. 白光LED封装设备操作知识
	(二)异常处理	1. 能够正确处理封装设备异常情况 2. 在产品合格率偏低时，能正确填写品质异常单	1. 设备异常处理流程识读要求 2. 设备常见异常问题处理办法
四、产品检测	产品检测	1. 能够检测LED光通量、光强、光效、光束角、色温、显色指数、光谱等光性能参数 2. 能够检测LED正向电压、正向电流、反向击穿电压、反向漏电流等电性能参数	1. LED光、电、颜色特性参数知识 2. LED 光、电、颜色性能检测原理与方法 3. LED光度学、色度学基础
五、封装设备维护保养	设备维护保养	能够对封装设备进行全面的维护保养	封装设备保养知识
六、封装设备故障分析与检修	(一)故障分析	能够对封装关键设备简单的故障进行分析	1. LED封装设备结构基本原理 2. 封装设备电气线路控制知识 3. LED封装设备故障分析方法
	(二)故障检修	1. 能够识别封装设备故障，并能对故障进行初步检修 2. 能够更换封装设备的易损件	1. 封装设备一般故障检修知识 2. 单片机基础知识 3. PLC基础知识 4. 传感器知识
七、组织与管理	(一)生产管理	能够按照生产计划配置生产设备及人员	LED生产计划管理基本知识
	(二)质量管理	1. 能够对现场的工艺提出改进办法 2. 能够及时处理品质异常情况	1. LED工艺标准 2. 不合格品处理流程知识

3.3 技师

职业功能	工作内容	技能要求	知识要求
一、封装前准备	（一）封装结构	能够选择各种 LED 封装所需结构的芯片	1. 倒装焊 LED 结构知识 2. 功率型芯片提高光效的方法 3. 功率型 LED 封装关键技术
	（二）封装材料	能够利用新材料、新技术进行创新，提高产品技术指标与性价比	1. 共晶焊接技术知识 2. 热学基础知识 3. 新型封装基板与透镜材料知识 4. 透镜光学软件应用基础
	（三）封装工艺	1. 能够利用透镜光学软件对 LED 进行光学设计模拟 2. 利用工艺革新技术解决复杂的工艺问题	1. 外延片与功率型芯片知识 2. 功率型 LED 封装的方法 3. 大功率 LED 封装的工艺 4. LED 失效模式分析与改进方法基础
二、封装设备调试	（一）设备调试	能够按照设备运行与工艺参数要求，对封装设备进行综合调试	1. 大功率 LED 封装设备操作程序 2. 封装设备的调试与校正知识
	（二）设备校正	能够编制设备校正管理程序文件	设备校正程序文件编写规范
三、产品检测	产品检测	1. 能够测试 LED 的结温、光衰、热阻参数 2. 能设计一般的 LED 驱动电路并进行检测	1. 大功率 LED 照明知识 2. 大功率 LED 光、电、颜色性能参数 3. 光、电、颜色性能检测知识 4. LED 驱动原理
四、封装设备维护保养	设备维护保养	能够编制封装设备维护保养计划	设备维护保养计划编制规范
五、设备故障分析与检修	（一）故障分析	能够依照设备资料，对各种封装设备较复杂的故障进行分析	封装设备系统故障原因分析方法
	（二）设备故障检修	能够排除封装设备较复杂的故障	封装设备系统故障检修方法
六、培训指导	培训指导	1. 制订培训计划 2. 编制培训资料 3. 实施培训计划	1. 培训资料和教学计划的编制方法 2. 理论培训教学的基本方法
			操作培训教学的基本方法
七、组织与管理	（一）生产管理	1. 能够按照产能要求进行设备选型、工艺设计和人员配置 2. 能够按照生产计划组织相关人员协同生产作业	工业工程基础知识
	（二）质量管理	1. 能够编制设备管理规范性文件 2. 能够应用质量管理知识进行质量分析和控制	1. LED 封装质量分析与控制方法 2. 企业质量管理基础知识

3.4 高级技师

职业功能	工作内容	技能要求	知识要求
一、封装前准备	（一）封装结构	1. 新型LED芯片应用 2. 能设计LED封装的结构	1. 芯片应用知识 2. LED封装优化设计知识
	（二）封装材料	能选择LED封装（COB）材料	1. LED封装热学、光学软件基础 2. COB封装技术知识
	（三）封装工艺	1. 能进行封装工艺革新 2. 能使用光学、热学封装软件	1. LED失效模式分析与改进方法 2. LED技术发展趋势和新技术应用知识
二、封装设备调试	设备校正	能够审核并优化设备校正文件	组织流程优化知识
三、产品检测	产品检测	1. 能够设计与评估LED可靠性实验 2. 能设计复杂LED驱动电路并进行检测	1. 大功率LED可靠性实验知识 2. 电子CAD知识 3. 大功率LED驱动电路设计知识
四、封装设备维护保养	设备维护保养	能依照公司年度计划，制定设备维护保养预算	企业管理知识
五、封装设备故障分析与检修	（一）故障分析	1. 能够对复杂封装设备的电路进行测绘，并能制定故障分析流程图 2. 能够对复杂的机械与光学控制故障进行分析，并能确定处理方案 3. 能够协调各方面人员对设备的故障难点进行攻关	1. 复杂电气系统电路测绘方法 2. 复杂封装设备故障分析方法
	（二）设备故障检修	1. 能够对封装设备疑难故障进行检修 2. 能够编制封装设备大修的工艺	1. 复杂封装设备系统故障检修方法 2. 封装设备大修工艺的编制方法
	（三）设备技术改进	能够对光、机、电、气控制系统进行优化改进	封装设备光、机、电、气控制知识
六、培训指导	培训指导	1. 审定培训计划及培训资料 2. 实施培训计划	培训教材的编制方法
七、组织与管理	（一）生产管理	1. 能够制定管理目标 2. 能够利用管理工具进行生产流程优化设计，降低成本	1. 6σ知识 2. 目标管理知识
	（二）质量管理	能够审定质量管理文件	文件编制和审核程序

4. 不同职业等级考核标准比例表

4.1 理论知识

<table>
<tr><th colspan="3">项　目</th><th>中级/%</th><th>高级/%</th><th>技师/%</th><th>高级技师/%</th></tr>
<tr><td rowspan="2">基本要求</td><td colspan="2">职业道德</td><td>5</td><td>5</td><td>5</td><td>5</td></tr>
<tr><td colspan="2">基础知识</td><td>20</td><td>15</td><td>10</td><td>10</td></tr>
<tr><td rowspan="18">相关知识</td><td rowspan="3">封装前准备</td><td>封装结构</td><td>5</td><td>5</td><td>2</td><td>2</td></tr>
<tr><td>封装材料</td><td>10</td><td>3</td><td>3</td><td>3</td></tr>
<tr><td>封装工艺</td><td>10</td><td>5</td><td>8</td><td>5</td></tr>
<tr><td rowspan="2">封装设备调试</td><td>设备调试</td><td>—</td><td>15</td><td>2</td><td>—</td></tr>
<tr><td>设备校正</td><td>—</td><td>5</td><td>5</td><td>5</td></tr>
<tr><td rowspan="3">封装设备操作</td><td>设备点检</td><td>5</td><td>—</td><td>—</td><td>—</td></tr>
<tr><td>设备操作</td><td>30</td><td>5</td><td>—</td><td>—</td></tr>
<tr><td>异常处理</td><td>10</td><td>10</td><td>—</td><td>—</td></tr>
<tr><td>产品检测</td><td>产品检测</td><td>—</td><td>5</td><td>5</td><td>5</td></tr>
<tr><td>封装设备维护保养</td><td>设备维护保养</td><td>5</td><td>10</td><td>5</td><td>5</td></tr>
<tr><td rowspan="4">封装设备故障分析与检修</td><td>故障分析</td><td>—</td><td>2</td><td>10</td><td>10</td></tr>
<tr><td>设备故障检修</td><td>—</td><td>5</td><td>15</td><td>10</td></tr>
<tr><td>设备综合调试</td><td>—</td><td>—</td><td>10</td><td>—</td></tr>
<tr><td>设备技术改进</td><td>—</td><td>—</td><td>—</td><td>10</td></tr>
<tr><td>培训指导</td><td>培训指导</td><td>—</td><td>—</td><td>10</td><td>15</td></tr>
<tr><td rowspan="2">管理</td><td>生产管理</td><td>—</td><td>5</td><td>5</td><td>10</td></tr>
<tr><td>质量管理</td><td>—</td><td>5</td><td>5</td><td>5</td></tr>
<tr><td colspan="3">合　计</td><td>100</td><td>100</td><td>100</td><td>100</td></tr>
</table>

4.2 技能操作

<table>
<tr><th colspan="3">项　目</th><th>中级/%</th><th>高级/%</th><th>技师/%</th><th>高级技师/%</th></tr>
<tr><td rowspan="8">技能要求</td><td rowspan="3">封装前准备</td><td>封装结构</td><td>10</td><td>5</td><td>5</td><td>5</td></tr>
<tr><td>封装材料</td><td>10</td><td>5</td><td>5</td><td>5</td></tr>
<tr><td>封装工艺</td><td>15</td><td>10</td><td>10</td><td>10</td></tr>
<tr><td rowspan="2">封装设备调试</td><td>设备调试</td><td>—</td><td>10</td><td>2</td><td>—</td></tr>
<tr><td>设备校正</td><td>—</td><td>10</td><td>3</td><td>5</td></tr>
<tr><td rowspan="3">封装设备操作</td><td>设备点检</td><td>10</td><td>—</td><td>—</td><td>—</td></tr>
<tr><td>设备操作</td><td>30</td><td>10</td><td>—</td><td>—</td></tr>
<tr><td>异常处理</td><td>15</td><td>10</td><td>—</td><td>—</td></tr>
</table>

续表

项目			中级/%	高级/%	技师/%	高级技师/%
技能要求	产品检测	产品检测	—	—	5	5
	封装设备维护保养	设备维护保养	10	20	10	10
	封装设备故障分析与检修	故障分析	—	5	15	10
		设备故障检修	—	3	20	10
		设备综合调试	—	2	5	5
		设备技术改进	—	—	—	5
	培训指导	培训指导	—	—	10	15
	管理	生产管理	—	5	5	10
		质量管理		5	5	5
合计			100	100	100	100

附录B　理论和技能样题（中级工）

第一节　理 论 样 题

一、单项选择题

1．下列选项中，（　　）不属于道德品质的组成要素。

A．道德认识　　B．道德意志

C．道德情感　　D．道德修养

2．职业道德基本规范不包括（　　）。

A．奉献社会　　B．品德高尚　　C．办事公道　　D．服务群众

3．劳动防护用品分九大类：头部、（　　）、耳部、面部、呼吸道、手部、足部、体部防护用品和其他辅助用品。

A．嘴部　　B．眼睛　　C．牙部　　D．心脏

4．合同担保的形式主要有保证、（　　）、质押、留置和定金五种。

A．信誉担保　　B．抵押　　C．人格担保　　D．签订协议

5．在下列选项中，（　　）不属于劳动者享有的权利。

A．平等就业和选择职业的权利

B．接受职业技能培训的权利

C．可延期劳动任务的权利

D．获得劳动报酬的权利

6．在微型计算机中，（　　）属于输入设备。

A．打印机　　B．显示器　　C．硬盘　　D．键盘

7．在 Word 2003 中，通常使用（　　）来控制窗口内容的显示。

A．滚动条　　B．控制框　　C．标尺　　D．最大化按钮

8．纯电阻正弦交流电路中，下列表达式中正确的是（　　）。

A．$I=u/R$　　B．$i=u/R$　　C．$i=U/R$　　D．$R=UI$

9．基尔霍夫电流定律（KCL）是说明（　　）之间关系的定律。

A．电路中所在支路电流

B．同一回路中各支路电流

C．接于同一节点的各支路电流

D．同一网孔中各支路电流

10．已知某正弦交流电瞬时表达式 $u=220\sqrt{2}\sin 314t$（V），则该正弦交流电有效值

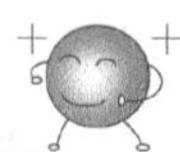

为（　　）。

A．$220\sqrt{2}$ V　　B．220V　　C．$220\sqrt{2}$ A　　D．220A

11．用万用表测量电压时，万用表的两个表笔（　　）在被测量电路中。

A．串联　　B．并联

C．可以串联也可以并联　　D．以上答案都不对

12．集成运算放大器工作在线性时，下列说法正确的是（　　）。

A．虚短和虚断都成立　　B．虚短成立，虚断不成立

C．虚短不成立，虚断成立　　D．虚短和虚断都不成立

13．关于电压串联负反馈，下列说法错误的是（　　）。

A．稳定输出电压　　B．增大了输入电阻

C．增大了输出电阻　　D．信号源内阻越小，反馈效果越好

14．发光二极管正向电压含义是（　　）。

A．通过发光二极管的正向电流为确定值时，在两极间产生的电压降

B．被测发光二极管器件通过的反向电流为确定值时，在两极间所产生的电压降

C．加在发光二极管两端的反向电压为确定值时，流过发光二极管的电流

D．加在发光二极管两端的正向电压为确定值时，流过发光二极管的电流

15．光通量单位是（　　）。

A．流明　　B．瓦特　　C．伏特　　D．安培

16．发光二极管工作在（　　）状态。

A．正向导通　　B．反向截止　　C．反向击穿　　D．反向饱和

17．负温度系数热敏电阻是指（　　）。

A．温度升高，阻值下降　　B．温度升高，阻值增大

C．温度降低，阻值降低　　D．温度降低，阻值不变

18．LED主要的光学特性参数有发光强度、发光效率、LED发光角度及（　　）。

A．允许功耗　　B．正向工作电流　　C．光通量　　D．正向工作电压

19．常见LED的驱动方式通常包括（　　）三种。

A．恒压式、恒流式、开关电源式

B．恒压式、恒流式、常规变压器降压式

C．恒流式 、常规变压器降压式、开关电源式

D．恒压式、常规变压器降压式、开关电源式

20．原理图的一般设计流程为设置图纸大小→（　　）→打印和报表输出。

A．原理图连线

B．放置元器件→原理图连线→检查与修改

C．放置元器件→原理图连线

D．原理图连线→检查与修改

21．单片机最小系统就是能让单片机工作起来的一个最基本的组成电路，它包括（　　）及振荡电路。

A．电源电路、复位电路

B．电源电路、I/O 接口电路

C．复位电路、I/O 接口电路

D．电源电路、整流电路

22．安全电压等级不包括（　　）。

A．6V　　B．10V　　C．24V　　D．36V

23．进行停电作业时，必须执行四项安全技术措施中不包括（　　）。

A．停电　　B．送电

C．装挂接地线　　D．悬挂标志牌和装设遮拦装置

24．中国能效等级共分（　　）级。

A．2　　B．3　　C．4　　D．5

25．质量管理不包括（　　）。

A．制定质量方针　　B．制定质量标准

C．质量策划　　D．质量改进

26．劳动者的权利不包括（　　）。

A．平等就业和选择职业　　B．获得劳动报酬

C．休息休假　　D．完成劳动任务

27．劳动者的义务不包括（　　）。

A．完成劳动任务　　B．提高职业技能

C．执行劳动安全卫生规程　　D．交纳养老保险

28．常用小功率 LED 的封装形式主要不包括（　　）。

A．引脚式封装　　B．平面式封装　　C．铝基板式封装　　D．表面贴装式

29．功率型 LED 是未来半导体照明的（　　）。

A．前提　　B．核心　　C．发展　　D．改革

30．由于 LED 使用寿命长，通常采取（　　）进行可靠性测试与评估。

A．加速环境试验的方法　　B．加大功率试验的方法

C．加大供电试验的方法　　D．改变环境温度使用的方法

31．LED 灯具不需要使用滤光镜或滤光片来产生有色光，还具备除（　　）以外的特点。

A．效率高　　B．光色纯

C．动态或渐变的色彩变化　　D．色温低

32．LED 晶片的结构设计不包括（　　）。

A．电致发光结构　B．光引出结构　　C．电极设计　　D．支架设计

33．晶片按芯片元素分类分类，不包括（　　）类型。

A．一元芯片　　B．二元芯片　　C．三元芯片　　D．四元芯片

34．下面属于照明用 LED 产品的光学参数的有（　　）。

A．主波长　　B．正向电压

C．正向电流　　D．最大允许工作电流 I_{FM}

35．下列属于晶片切割不良的有（　　）。

A．晶粒缺角　　B．发光区污　　C．背金失金　　D．掀金异常

36．下列不属于键合线使用注意事项的是（　　）。

A．不能用手直接接触金线　　B．放置时轴心应垂直放置

C．除盖时不应碰线　　D．除盖时避免线轴飞出线盒

37．下列不属于银合金线的特点的是（　　）。

A．比较软　　B．打线时用到保护气体

C．电阻率一般　　D．断裂负荷大

38．下列不属于封装材料的是（　　）。

A．有机硅　　B．聚甲基丙烯酸甲酯

C．改性环氧树脂　　D．环氧树脂

39．下列属于有机硅胶的性能的是（　　）。

A．导电性　　B．粘温系数大　　C．压缩性低　　D．气体渗透性高

40．银胶的主要成分是（　　）。

A．金粉　　B．银色胶水　　C．银粉　　D．硅胶

41．LED 常用荧光粉按化学成分分类包括（　　）。

A．蓝色荧光粉　　B．黄色荧光粉　　C．硅酸盐荧光粉　　D．白色荧光粉

42．LED 黄色荧光粉的材料不包括（　　）。

A．$Tb_3Al_5O_{12}$:Ce　　B．$Y_3Al_5O_{12}$:Ce

C．Ca_2SiO_4:Eu　　D．Cu_2SiO_4:Eu

43．主要影响白光 LED 的 y 方向的不包括（　　）。

A．光色　　B．色温　　C．发光效率　　D．显色指数

44．铝酸盐稀土荧光粉的最大缺点是（　　）。

A．耐高温差　　B．耐高压差　　C．防湿性差　　D．耐低温差

45．下列不属于半导体晶体材料的电学性质的是（　　）。

A．费米能级和载流子　　B．载流子的漂移和迁移率

C．介电常数　　D．寿命

46．两种现代的技术成为研制和生产先进器件的主要方法，那就是（　　）和金属有机物化学气相沉淀。

A．分子束外延技术　　B．单晶体技术

C．液相外延　　D．扩散技术

47．磷化镓的液相外延生长制作的半导体是（　　）半导体。

A．直接扩散型　　B．间接扩散型　　C．直接跃迁型　　D．间接跃迁型

48．当电流通过 LED 的 PN 结时，（　　）与空穴复合而将电能转变为可见辐射光能，这就是 LED 发光原理。

A．光子　B．电压　C．正电极　D．电子

49．LED 的 *I-V* 特性具有单向导电性。从 *I-V* 特性曲线看属于（　　）。

A．反向　B．非线性　C．正向　D．线性

50．LED 的光学特性包括（　　）、发光波长及光谱分布、光通量、发光效率和视觉灵敏度、发光亮度。

A．发光强度　B．发光颜色　C．发光方向　D．光照时间

51．LED 制程四大工艺是指固晶工艺，焊线工艺，（　　），测试工艺。

A．打磨工艺　B．引脚工艺　C．灌胶工艺　D．切片工艺

52．固晶烘烤，将半成品放入（　　），烤箱温度为 150℃，烘烤 1h。

A．LED　B．烤箱内　C．引脚　D．晶片

53．用金线焊机将电极连接到 LED（　　）上，以做电流注入的引线。

A．支架　B．引脚　C．管芯　D．晶片

54．静电的基本物理特性有：吸引或（　　），产生放电电流。

A．排斥　B．电压高　C．电流小　D．看不见

55．物体所带相对静止不动的电荷称为静电。它停留在物体的内部或（　　）。

A．电流　B．电压　C．绝缘物　D．表面

56．LED 封装的环境（　　）化处理不好易吸附静电。

A．无尘　B．空气　C．机器　D．电路

57．LED 封装环境的静电会引起 LED （　　）击穿产生潜在损伤，缩短使用寿命。

A．硬　B．软　C．加热　D．电流

58．LED 封装环境温度要基本保持在（　　）。

A．较低温度　B．（25±5）℃　C．较高温度　D．（30±5）℃

59．物品进入 LED 封装车间要按取得许可、（　　）、检验、通过数字射线成像系统（CR）检查的流程方可进入。

A．装袋　B．盖章　C．擦拭或包装　D．休息

60．制定维修标准，称为（　　）。

A．定点　B．定法　C．定标　D．定期

61．日常点检工作的主要内容有设备点检、（　　）、紧固、调整、清扫、排水、给油脂、使用记录。

A．小修理　B．大修理　C．更换　D．上料

62．定期点检的内容包括设备的非解体定期检查，设备解体检查，劣化倾向检查，（　　），系统的精度检查及调整，油箱油脂的定期成分分析及更换、添加，零部件更换、劣化部位的修复。

A．设备的精度测试　B．修理

C．测试　　　　　　　　　　D．清洁

63．点检的十大要素包括（　　）、温度、流量、泄漏、给脂状况、异音、振动、龟裂（折损）、磨损、松弛。

A．质量　　　B．湿度　　　C．整体性　　　D．压力

64．光电综合测试仪进行基本曲线测量时，需要进行起始电流、终止电流、步进电流、（　　）、通信接口、点亮电流、时间设置等内容。

A．终止电流　　　B．测试电流　　　C．起始电压　　　D．终止电压

65．固晶机系统参数设置的内容包含（　　）、图像参数、调试参数、设备参数及综合设置。

A．轴参数　　　B．电压参数　　　C．电流参数　　　D．光学参数

66．固晶机摆臂上下参数设置的内容包含吸晶位置、固晶位置、顶针高度、（　　）、旋转位置、点胶上下位置设置。

A．吸晶速度　　　B．顶针位置　　　C．点胶　　　D．点胶量

67．焊线机参数设置的内容包含步进间距、（　　）、步进数、偏移量、支架厚度等设置。

A．顶针高度　　　B．引线框宽度　　　C．固晶位置　　　D．点胶上下位置

68．焊线机料盒参数设置的内容包含插槽斜度、插槽高度、料盒高度、（　　）等设置。

A．固晶位置　　　B．步进数　　　C．点胶上下位置　D．插槽数

69．扩晶机的功能可以将蓝膜上的（　　）拉伸到0.6mm或以上。

A．硅胶　　　B．金线　　　C．引线　　　D．芯片

70．光电综合测试设备可进行：（　　）、电流-光强、电流-光通量三个基本曲线的测试。

A．电流-功率　　　B．电流-电压　　　C．电流-色温　　　D．电流-温度

71．光电综合测试设备测试光强分布时是测试LED空间光强分布曲线。操作流程分别是开始，测试设置与确认，（　　），测试标志设置确认，应用报表、数据报表输出，结束。

A．校准确认　　　B．错误确立　　　C．联机测试　　　D．错误输出

72．扩晶环又称（　　），通用规格为4in、6in、8in、10in。

A．子母环　　　B．外环　　　C．内环　　　D．圆环

73．国产固晶机一般由两套光学系统组成：吸晶光学系统和固晶光学系统，其中，（　　）用于晶片的吸取。

A．吸晶摆臂系统　B．顶针光学系统　C．胶盘光学系统　D．吸晶光学系统

74．LED自动固晶机吸晶摆臂系统由拾取头组件和焊臂组成，其中焊臂由两个交流伺服电动机驱动，分别控制（　　）及上下运动。

A．快速　　　B．旋转　　　C．角度　　　D．前后

75．LED （　　）点胶系统点胶头与焊头固定在一起，由两个交流伺服电动机分别驱动点胶臂做旋转及上下运动，一个步进电动机驱动胶盘做旋转运动。

A．焊线机　　B．分光机　　C．自动固晶机　　D．压边机

76．LED 自动固晶机（　　）系统由推顶针和分离晶片的真空吸盘组成。

A．推顶器　　B．金线盒　　C．照相机　　D．光学

77．LED 自动焊线机（球焊）工作特点有工作温度（200～250℃），所用的压焊劈刀不用加热而由超声振动产生热能，采用（　　）为引线，并以球焊形式进行焊接。

A．蓝宝石　　B．铁线　　C．金丝　　D．铜丝

78. LED 自动焊线机键合的目的是使焊丝在芯片电极和外引线键合区之间形成良好的欧姆接触，完成芯片的内外电路的连接工作，使芯片与产品引脚形成良好的电性能。需要对焊线设备焊接的功率、时间、压力、（　　）设置以确保焊接质量。

A．光谱　　B．速度　　C．尺寸　　D．温度

79．LED 焊线设备工作环境要求包含车间环境温度 20～25℃,湿度 30%～70%RH；交流电压（AC）（　　）；室内气压与气源气压要求和防静电环境（ESD）要求。

A．220V/10Hz　　B．220V/50Hz　　C．120V/100Hz　　D．300V/50Hz

80．点胶机又称涂胶机、（　　）等，是专门对流体进行控制，并将流体点滴、涂覆于产品表面或产品内部的自动化机器，让产品起到黏贴、灌封、绝缘、固定、表面光滑等作用。

A．封烤机　　B．滴胶机　　C．焊线机　　D．分光机

81．大功率 LED（　　）能快速稳定地测试出 LED 的色温，色坐标，光通量等光色参数及漏电流值、正向电压值等电参数，且测试 20 颗联排支架 LED 只需 4～6s 即可完成。

A．自动补粉分光机　　B．自动固晶机

C．自动焊线机　　D．自动封胶机

82．大功率 LED 盖透镜机是应用气动动作，将经过点胶（荧光粉）的（　　）配上胶镜后，同时把二十粒胶镜压盖到支架上的各个灯珠座内。

A．芯片　　B．金线　　C．支架　　D．夹具

83．大功率 LED 压边机设备压边目的是用于紧固透镜于大功率 LED（　　）上。

A．芯片　　B．硅胶　　C．金线　　D．支架

84．LED 单管（　　）实际是一种用于 LED 封装的生产指令单。

A．加工配料单　　B．质量检验单　　C．生产不良率　　D．成本核算单

85．LED 封装车间生产所用的加工配料单的主要内容包含：生产指令单号、产品型号、订单数与交货日期、生产日期、主要材料与工艺要求、（　　）。

A．车间大小　　B．人员培训　　C．设备质量　　D．包装要求

86．生产日报的主要内容包含：计划单号、订单量、型号与产品编码、（　　）、每小时生产数量、累计生产数量、投产数、投产累计数、直通率、班次、日报统计制作人

等内容。

A．设计日期　B．试产日期　C．生产日期　D．销售日期

87．LED 封装车间的生产日报一定要按照班次及时统计、签字、（　）负责人审核并呈计划与生产主管部门。

A．财务　B．销售　C．生产车间　D．采购

88．LED 自动固晶机操作流程的主要内容是先做好工作环境、防静电、材料、夹具、（　）准备才能开始进行固晶作业。

A．穿金线　B．芯片扩晶　C．点荧光粉　D．压边

89．LED 焊线设备操作时应注意作业员必须戴手指套和静电带，做好防静电措施。不能用手接触支架杯边与（　），用镊子夹过及手摸过的金线要扯掉。

A．点胶盘　B．荧光粉　C．固晶顶针　D．焊线区

90．LED 自动点胶机操作规程包含安装固定架，打开气压、电源，在胶管内灌入（　），固定好胶管，编程，参考点设置，气压设定，开始运行，完成点胶工作后需及时清洗针头，以防针头堵塞。

A．荧光粉　B．胶水　C．酒精　D．清洁水

91．大功率 LED 补粉测试操作步骤包含打开测试系统软件、测试参数设置、补粉参数设置、补粉测试、用针笔对材料进行增减粉，然后在（　）内测试，结果合要求时，则修粉完成，将修好的材料入烤箱内烧烤。

A．物料盒　B．焊接台　C．积分球　D．烤箱内

92．大功率 LED 分光机器操作步骤要求作业人员根据生产单号及客户代码导入（　），用大功率标准件校正机台，知会 IPQC 确认是否合格。

A．设备型号　B．焊接参数　C．点胶方案　D．分光方案

93．大功率 LED 分光分色作业内容与流程包含开机、设定测试条件、（　）机、试跑 30～50PCS、设定分光参数、开始分光。

A．设置固晶　B．标定分光　C．设置点胶　D．设置老练

94．大功率 LED 胶水烘烤作业内容与步骤包含开机、设定温度与时间、待温度达到设定值按（　）放入待烤材料，摆好关紧烤箱门填写《烘烤记录表》，烘烤时间到后，关电源，待温度下降后将产品按批次取出放入指定区域并将结束时间与温度填入《烘烤记录表》。

A．大小　B．质量　C．批次先后　D．质量档次

95．大功率 LED（　）作业流程包含打开电子秤开关、放入配胶杯，并将电子秤数据归零、倒入 A 胶、倒入 B 胶、胶水搅拌、胶水抽真空。

A．透镜用配胶　B．自动固晶　C．自动点胶　D．压边

96．LED 荧光粉配制作业流程包含打开电子秤开关、按配比写配粉记录、按配比记录依次加入荧光粉，再倒入 A/B 胶、搅拌荧光粉，搅拌后（　）。

A．加温　B．加酒精　C．降温　D．抽真空

97．设备点检管理四大标准由维修技术标准、点检标准、给油脂标准和维修作业标准组成，下列不属于点检标准的内容是（　　）。

A．点检内容

B．点检项目

C．做为管理对象的零部件的技术性能、构造、材质等

D．设备点检状态

98．下列对固晶机安全操作描述错误的选项是（　　）。

A．在对机器维修时，不用拔掉电源插头

B．认真阅读机器操作手册

C．确认仪器设备的要求，检查电压、电流及空气压力是否符合机器规格

D．严格遵照“预防维修保养计划”对机器进行定期维护保养

99．固晶机在长时间未使用时，在开启电源前需请维修工程师检查电源部分，下列对检查电源部分描述错误的是（　　）。

A．检查气压源　　B．检查电源电路是否正常

C．用万用表确认电源电压是否正常　　D．确认机器是否接地

100．IQC 依相关检验标准判定来料不合格，针对不合格物料标示“不合格”，异常成立 1h 内应开（　　）改善。

A．退货单　　B．品质异常处理单

C．重工单　　D．OQC 检验记录表

101．当查出品质异常原因属于工艺原因，需反馈给（　　）改善。

A．营业部　　B．生产部　　C．设备部　　D．工程部

102．热敏电阻是一种（　　）会随着温度而改变的敏感元件。

A．阻值　　B．电容值　　C．电感值　　D．电压值

103．采用石英晶体材料制成的传感器是一种（　　）。

A．压电传感器　　B．热敏传感器　　C．温度传感器　　D．电感式传感器

104．温度传感器主要类型有热电偶、热敏电阻、（　　）和 IC 温度传感器。

A．压敏电阻　　B．敏感电容

C．电阻温度检测器（RTD）　　D．敏感电感

105．若将计算机比喻成人的大脑，那么传感器则可以比喻为（　　）。

A．感觉器官　　B．眼镜　　C．手　　D．皮肤

106．传感器通常由敏感元件、传感元件及（　　）组成。

A．电源电路　　B．控制电路　　C．转换电路　　D．开关电路

107．下列属于按传感器工作原理分类的为（　　）。

A．电阻式传感器　B．压力传感器　　C．温度传感器　　D．速度传感器

108．下列不属于固晶机机械传动部分保养的内容是（　　）。

A．各部分螺钉检查　　B．空气压缩气回路

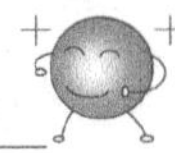

C．螺杆保养　　D．轴承保养

109．对固晶机联轴器螺钉保养，保养措施是（　　）。

A．用无尘布和酒精清洁机器　　B．检查是否需要排水

C．固定电动机轴心的螺钉　　D．检查电控部分

110．下列不属于焊线机日保养的内容是（　　）。

A．检查并清洁焊线　　B．检查 EFO 打火杆设置/装置

C．检查焊针状态　　D．检查清洁线路径

111．下列不属于焊线机光学视觉系统维护的内容是（　　）。

A．校准 PRS　　B．检查倾斜照明器的一致性

C．检查系统气压　　D．检查光学设备焦距

112．下列对光电综合测试仪基本曲线测量描述错误的是（　　）。

A．可进行电流-色温关系的测试　　B．可进行电流-光强关系的测试

C．可进行电流-电压关系的测试　　D．可进行电流-光通量关系的测试

113．LED 封装中，下列不用显微镜就能检测的项目是（　　）。

A．芯片上是否有电极划伤　　B．银胶是否搅拌好

C．支架上是否有污渍　　D．压焊焊球的大小

114．工频 50mA 电流属于（　　）。

A．致命电流　　B．感知电流　　C．摆脱电流　　D．安全电流

115．国家标准中规定的四种安全色是（　　）。

A．红、蓝、黄、绿　　B．红、白、黄、绿

C．红、黑、白、蓝　　D．黄、白、红、紫

116．6S 活动是（　　）责任。

A．总经理　　B．推行小组　　C．中层干部们　　D．公司全体员工

117．6S 和产品质量的关系是（　　）。

A．工作方便　　B．改善品质　　C．增加产量　　D．没有关系

118．LED 自动焊线设备作业步骤包含静电准备、材料准备、核对流程单与材料、上料、调整好（　　）、支架位置、料盒的各项参数、设置 PR、焊线位置、轨道温度、焊线模式、焊线电流/压力等参数、试焊 1～2 个进行首件确认。

A．荧光粉厚度　　B．轨道高度　　C．点胶高度　　D．顶针高度

119．（　　）是用来对 LED 按照发出光的波长（颜色）、光强、电流及电压大小进行分类筛选的设备。

A．大功率 LED 分光分色机器　　B．大功率 LED 自动固晶机

C．大功率 LED 自动焊线机　　D．大功率 LED 自动封胶机

120．（　　）测试光强分布时是测试 LED 空间光强分布曲线。

A．LED 老化设备　　B．LED 烘烤设备

C．LED 点胶设备　　D．光电综合测试设备

二、判断题

1. 道德品质是一个综合范畴，由职业道德、道德素养、道德修养、道德信念、道德行为五个要素组成。（　　）

2. 社会公德的基本内容包括文明礼貌、助人为乐、爱护公物、保护环境、遵纪守法。（　　）

3. 自然人、法人或其他组织所享有的民事权利主要包括物权、债权、知识产权和隐私权。（　　）

4. 一般所说的拨号入网，是指通过专用电缆与 Internet 服务器连接。（　　）

5. 根据 $I=U/R$ 可知电流与电压成正比，与电阻成反比。（　　）

6. 电容三点式振荡器发射极接的是同性质的电抗元件。（　　）

7. LED 的工作电流一般是几毫安。（　　）

8. 空调中室内传感器是一个温度传感器。（　　）

9. LED 主要的光学特性参数有发光强度、发光效率、LED 发光角度和光通量。（　　）

10. 光在真空中传播时，光的波长和频率的关系可以表示为波长（λ）×频率（f）＝光速（c）。（　　）

11. 单片机最小系统就是能让单片机工作起来的一个最基本的组成电路，它包括电源电路、振荡电路、I/O 接口电路。（　　）

12. 三相交流异步电动机常用的降压起动方式包括星三角起动、自耦变压器起动。（　　）

13. 我国把安全电压的额定值分为 6V、12V、24V、36V、48V 五个等级。（　　）

14. 质量管理包括制定质量方针和质量标准、质量控制、质量保证和质量改进。（　　）

15. 食人鱼封装不是小功率 LED 的封装形式。（　　）

16. LED 器件的失效模式主要包括电失效、光失效和机械失效。（　　）

17. 硅衬底芯片电极可采用两种接触方式，分别为 L 型电极和 V 型电极。（　　）

18. 照明用 LED 产品的工作电流要根据散热条件来定，一般只用到 I_{FM} 的 60%。（　　）

19. 晶片使用时，可以用镊子等金属对象碰触芯片发光表面。（　　）

20. 金线的性能稳定，价格高，在高端封装领域是主流。（　　）

21. 有机硅比同分子量的碳氢化合物黏度高，表面张力弱，表面能效，成膜能力强。（　　）

22. 硅酸盐荧光粉的优点是激发波段宽，绿粉和澄粉较好，化学稳定性和热稳定性

良好。（ ）

23．铝酸盐稀土荧光粉的最大缺点就是抗湿性差。（ ）

24．载流子在电场作用下的运动称漂移，其漂移速度的度量便是迁移率。（ ）

25．发光二极管（LED）是一种可以直接将光子转变为光能的固态半导体器件。（ ）

26．LED 的 *I-V* 特性曲线属于线性。（ ）

27．将晶片固定在已点好胶的支架上叫固晶。固晶的位置不能偏离中心位 1/3。（ ）

28．用烙铁将电极连接到 LED 管芯上，以做电流注入的引线。（ ）

29．点胶封装工艺主要难点是对晶片的控制。（ ）

30．烘烤工艺中静电防御的良好措施是烘烤设备应良好通电。（ ）

31．LED 封装静电防御的良好措施之一是设备应良好接地。（ ）

32．LED 封装环境温度控制在（25±5）℃为宜。（ ）

33．人员在 LED 封装车间可以随便进出。（ ）

34．设定检查的部位、项目和内容，称为定法。（ ）

35．固晶机系统参数设置的内容包含轴参数、图像参数、调试参数、设备参数以及综合设置。（ ）

36．固晶机摆臂上下参数设置的内容包含吸晶速度、固晶位置、顶针高度的设置。（ ）

37．光电综合测试设备可进行：电流-色温、电流-频率、电流-光通量三个基本曲线的测试。（ ）

38．大功率 LED 压边机设备压边目的是用于紧固透镜于大功率 LED 支架上。（ ）

39．在对固晶机维修时，要拔掉电源插头。（ ）

40．当查出品质异常原因属于人为操作因素，需反馈给后勤部改善。（ ）

参考答案

一、单项选择题

1. D	2. B	3. B	4. B	5. C	6. D	7. A	8. B	9. C
10. B	11. B	12. A	13. C	14. A	15. A	16. A	17. A	18. C
19. A	20. B	21. A	22. B	23. B	24. D	25. B	26. D	27. D
28. C	29. B	30. A	31. B	32. D	33. A	34. A	35. A	36. B
37. D	38. B	39. D	40. C	41. C	42. D	43. B	44. C	45. C

46. A 47. D 48. D 49. B 50. A 51. C 52. B 53. C 54. A
55. D 56. A 57. B 58. B 59. C 60. C 61. A 62. A 63. D
64. B 65. A 66. C 67. B 68. D 69. D 70. B 71. C 72. A
73. D 74. B 75. C 76. A 77. C 78. D 79. B 80. B 81. A
82. C 83. D 84. A 85. D 86. C 87. C 88. B 89. D 90. B
91. C 92. D 93. B 94. C 95. A 96. D 97. C 98. A 99. A
100. B 101. D 102. A 103. A 104. C 105. A 106. C 107. A 108. B
109. C 110. B 111. C 112. A 113. B 114. A 115. A 116. D 117. B
118. B 119. A 120. D

二、判断题

1. × 2. √ 3. × 4. × 5. √ 6. × 7. √ 8. √ 9. √
10. √ 11. × 12. √ 13. × 14. × 15. × 16. √ 17. √ 18. √
19. × 20. √ 21. × 22. √ 23. √ 24. √ 25. × 26. × 27. √
28. × 29. × 30. × 31. √ 32. √ 33. × 34. × 35. √ 36. ×
37. × 38. √ 39. √ 40. ×

第二节 技能样题

一、封装工（LED）操作技能鉴定要素细目表

职业：封装工（LDE） 级别：中级 鉴定方式：操作技能 页码：______

鉴定范围一级			鉴定点			
代码	名称	鉴定比例	代码	名称	重要程度	试题量
A	封装操作	90%	01	固晶前准备与操作	X	1
			02	焊线前准备与操作	X	1
			03	点胶前准备与操作	X	1
			04	分光分色前准备与操作	X	1
B	设备维护保养操作	10%	01	维护保养操作	X	1

二、考生准备通知单

考生，请仔细阅读以下内容并按时参加技能鉴定考试。

1．技能考试工种：LED 封装工（中级）。

2．考试时间：120min。

3．考试地点：LED 封装实训工厂。

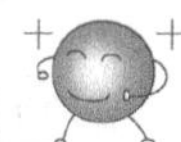

4．考试时准备内容：

（1）随带身份证原件。

（2）随带准考证原件。

（3）随带常用文具用品：演草纸（A4或B5）、签字笔（黑色）。

三、考核准备通知单

（一）工具、材料和设备的准备

准备仅针对1名考生而言，鉴定所（站）应根据考生人数确定具体数量。

1．固晶机设备1台。

2．LED自动焊线机1台。

3．LED点胶机1台。

4．大功率LED自动分光分色机器1台。

5．工具与夹具、材料。

序号	名称	型号与规格	单位	数量	备注
固晶机操作需要的工具、材料					
1	1W LED支架	1W大功率20连体支架	PCS	3	
2	1W大功率芯片	45mil（1mil=10^{-3}L）芯片	PCS	100	
3	固晶银胶	银胶（针筒式）	瓶	1	
4	防静电环	通用防静电手环	个	1	
5	1W固晶夹具	依照芯片型号	支	1	
6	劳保用品	防静电鞋、工作服等	套	1	
焊线机操作需要的工具、材料					
1	固晶后半成品	1W大功率20连体支架（固晶后）	PCS	3	
2	金线	1.2mil金线	卷	1	
3	加热快	1W大功率（与支架配套）	个	1	
4	压板	1W大功率压板（与支架配套）	个	1	
5	物料盒	1W料盒（与支架配套）	支	2	
6	工具	焊线机器专用	套	1	
7	劳保用品	防静电鞋、工作服等	套	1	
LED点胶机需要的工具、材料					
1	1W LED半成品	1W大功率20连体支架（焊线后）	PCS	2	
2	荧光胶	针筒式	筒	1	10g
3	防静电环	通用防静电手环	个	1	
4	圆珠笔	自定	支	1	
5	劳保用品	防静电鞋、工作服等	套	1	

续表

序号	名称	型号与规格	单位	数量	备注
LED 分光分色机器需要的工具、材料					
1	1W LED 灯珠	1W 成品	PCS	50	
2	1W 大功率料管	塑料透明料管（50）	根	1	
3	防静电环	通用防静电手环	个	1	
4	圆珠笔	自定	支	1	
5	劳保用品	防静电鞋、工作服等	套	1	
封装设备的维护保养材料（清洁、传动部件、空气压缩回路）					
1	机油	NSK、NSL	瓶	1	
2	防静电环	通用防静电手环	个	1	
3	防尘布		PCS	1	
4	劳保用品	防静电鞋、工作服等	套	1	

（二）考场准备

（1）考场面积为 100m^2，设有 20 个考位，每个考位有 1 个工作台，每个工作台的右上角贴有考号。考场采光良好，不足部分采用照明补充，保证工作面的照度不小于 100lx。

（2）考场应干净整洁，空气新鲜，无环境干扰。

（3）考场内应设有空调并装有漏电保护器。

（4）考前由考务管理人员检查考场各考位应准备的器材、工具是否齐全，所贴考号是否有遗漏。

（三）人员准备要求

（1）监考人员与考生比例为 1∶10。

（2）考评员与考生比例为 1∶5。

（3）医务人员 1 名。

（四）其他

本试卷总的考试时间为 120min（不包括准备时间）。

四、考核模拟卷

题一：固晶机设备操作。请利用大功率自动固晶机进行 1W（45mil）芯片和 20 连体支架、固晶胶进行固晶机固晶操作，并进行试做检验。

考核要求：

1. 正确选择材料与防静电措施。
2. 固晶后布置合理、符合固晶工艺要求。

3．材料没有刮伤。

4．考核注意事项：

（1）满分 90 分，考试时间 100min。

（2）正确使用防静电工具与材料，操作方法正确。

（3）安全文明操作。

否定项：不能损坏设备或夹具，损坏扣 60 分。

题二：大功率 LED 自动焊线机操作。请利用选择好的夹具、材料对焊线设备进行自动焊线操作并进行试做。

考核要求：

1．正确选择材料与防静电措施。

2．焊线后符合工艺要求，推力测试合格。

3．材料没有刮伤。

4．考核注意事项：

（1）满分 90 分，考试时间 100min。

（2）正确使用防静电工具与材料，操作方法正确。

（3）安全文明操作。

否定项：不能损坏设备或夹具，损坏扣 60 分。

题三：请选择合适的材料，并利用自动点胶机进行点荧光粉胶工艺操作，并进行试做。

考核要求：

1．正确选择材料与防静电措施。

2．点胶后符合工艺要求、胶量合适。

3．考核注意事项：

（1）满分 90 分，考试时间 100min。

（2）正确使用防静电工具与材料，操作方法正确。

（3）安全文明操作。

否定项：不能损坏设备或夹具，损坏扣 60 分。

题四：请利用大功率 LED 自动分光分色机器，对 1W LED 灯珠进行分光分色操作，并进行试做。

考核要求：

1．能够进行分选参数选择并进行自动分选操作试做。

2．考核注意事项：

（1）满分 90 分，考核时间 100min。

（2）正确使用防静电工具与材料，操作方法正确。

（3）安全文明操作。

否定项：不能损坏设备或夹具，损坏扣 60 分。

题五：（维护保养操作题）请利用所给的防尘布、机油，对封装设备分光分色机进行日常维护保养，要求进行机械传动部分清洁与空气压缩回路的维护保养操作（技能操作必做题 10 分，时间 20min）。

五、评分表

题一～题四（四选一）LED 封装设备操作题，选______题。

序号	主要内容	考核要求	评分标准	配分	扣分	得分
1	正确选择结构	封装结构符合工艺、技术要求	封装结构选择不正确扣 2 分；封装结构不符合工艺技术要求对应每一项扣 2 分，扣完 10 分为止	10		
2	正确选择材料与夹具	材料与夹具匹配，材料正确	材料与夹具不匹配扣 2 分，材料每错一项扣 2 分	10		
3	封装工艺与 ESD 防护	工艺符合技术要求、穿戴防静电工服鞋帽等	封装工艺每一项不符合工艺要求扣 3 分，防静电每遗漏一项扣 3 分，扣完 15 分为止	15		
4	设备操作与试做效果验证	正确操作无违规操作且正确无误	不能正常点检设备的或遗漏点检设备的扣 10 分。异常出现后不能正确处理的或未按要求进行处理的，扣 15 分。违规操作的扣 10 分/次，每错漏操作一步扣 5 分。设备在做验证时，半成品要符合工艺要求，不符合每项扣 5 分	55		
备注			合计	90		
			考评员签字：	年　月　日		

题五：机台维护与保养。

序号	主要内容	考核要求	评分标准	配分	扣分	得分
1	正确进行机器内外清理	异物清理、台面干净、维护工具及时收走	清洁内容不正确扣 1 分；清洁的步骤每错漏一步扣 0.5 分；未做 5S 的扣 0.5 分	2		
2	机械传动部分保养	滑杆、螺杆、轴承进行必要的上油、螺钉位检查与锁紧	每遗漏一项扣 1 分，扣完 5 分为止	5		
3	空气压缩回路保养	正确进行排水操作无违规操作	违规操作的扣 3 分，每错漏一步扣 1 分，扣完 3 分为止	3		
备注	考核时间 20min		合计	10		
			考评员签字：	年　月　日		

附录C　理论和技能样题（高级工）

第一节　理　论　样　题

一、选择题

1．职业道德基本规范不包括（　　）。

A．爱岗敬业　　B．诚实守信　　C．办事公道　　D．乐于助人

2．P型半导体中的（　　）和N型半导体中的电子称为多数载流子。

A．电子　　B．空穴　　C．正电荷　　D．负电荷

3．近年来，SMDLED 成为一个发展的热点，很好的解决了（　　）、视角、平整度、可靠性、一致性等问题。

A．亮度　　B．显色性　　C．色温　　D．发光效率

4．下列不属于支架进行可靠性检测的要求的是（　　）。

A．高温烘烤不出现气泡、变色、镀层脱落等不良

B．侵锡实验上锡面应达到95%

C．将支架存储有较高要求

D．进行焊线拉力测试

5．白光LED烘烤，后固化对于提高树脂与支架的粘接强度非常重要。一般条件为（　　）℃，4h。

A．135　　B．120　　C．150　　D．175

6．三基色理论认为，人眼的视网膜是由三种不同感色物质镶嵌而成。每种感色物质的影响分别对应于蓝光、绿光和（　　）的特定波长。

A．紫光　　B．黄光　　C．红光　　D．橙光

7．PDCA循环中的D是指（　　）。

A．策划　　B．实施　　C．检查　　D．处置

8．焊线机焊USG参数设置中，就焊接效果来说，USG电流值对于1W LED设置可以最大调制（　　）mA。

A．130　　B．120　　C．110　　D．100

9．在《设备操作规程》内容中，下列说法错误的是（　　）。

A．设备主要功能、规格、允许最小负荷

B．正确操作方法、操作步骤和操作要领，如启动和停车操作顺序及注意事项等

C．保证设备与人身安全注意事项，对可能出现紧急情况的处理方法和步骤

D．设备清扫、润滑和检查设备是否运行正常的方法和要求

10．自动焊线机焊接参数的检查不包括（　　）。

A．超声波校准

B．电源时间、焊球大小、温度设定

C．传感器的固定螺旋转柜

D．焊针、夹钳、螺钉、转柜

11．日常生活中，我们往往容易混淆职业、职位、行业三者的概念。下列名词中属于职业的是（　　）。

A．教务部部长　B．班主任　C．电子行业　D．行政秘书

12．（　　）的说法是正确的。

A．良好的职业道德是个人职业成功的前提

B．良好的职业道德是个人职业成功的重要保障

C．良好的职业道德是个人职业成功的保证

D．良好的职业道德是个人职业成功的条件

13．为了增大放大电路的输入阻抗，应引入（　　）负反馈。

A．电压　B．电流　C．串联　D．并联

14．P 型半导体中的空穴和 N 型半导体中的电子称为（　　）。

A．多数载流子　B．少数载流子　C．本征载流子　D．不确定

15．文明生产的内容包括精神文明、科学管理、操作文明和环境文明四个方面。下列说法正确的是（　　）。

A．精神文明包括在生产过程中，操作人员具有良好的职业道德和爱岗敬业精神

B．科学管理包括操作人员要积极汲取是相关工作的先进文化知识和操作技能

C．科学管理包括操作人员要确保产品的质量，时刻牢记客户第一的思想宗旨

D．操作文明包括墙壁、地面、仪器仪表设备等的颜色得当，温度湿度适中

16．日本日亚化学提出用蓝光 LED 来激发黄色 YAG 荧光粉产生白光 LED，在蓝光 LED 芯片的外围填充混有黄光 YAG 荧光粉的光学胶，此蓝光 LED 芯片所发出蓝光的波长约为（　　）nm，利用蓝光 LED 芯片所发出的光线激发黄光荧光粉产生黄色光。

A．200～300　B．300～400　C．400～530　D．100～700

17．LED 封装四大制造工艺包括固晶工艺、焊线工艺、灌胶工艺和（　　）。

A．扩片工艺　B．贴片工艺　C．测试工艺　D．点胶工艺

18．焊线工艺的不良，虚焊的原因（　　）。

A．焊线的压力或功率、时间、温度不够

B．焊线温度过高、压力过大、多次焊线、来料不良

C．晶片 PAD 氧化或有杂物

D．金线被划伤

19．LED 封装中荧光粉烘烤后的下一道工序是（　　）。

A．切脚　B．盖透镜　C．分光分色　D．点胶

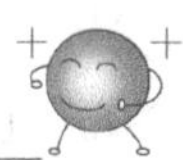

20．芯片键合设备键合工艺条件设置主要是温度、键合机台压力、功率、（　　）。

A．键合速度　　B．照明设置　　C．键合时间　　D．摆臂速度

21．键合第一焊点金球不能有 1/4 以上在芯片电极之外，不能触及（　　）型层与 N 型层分界线。

A．C　　B．P　　C．D　　D．B

22．下列属于《设备维护保养规程》的内容的是（　　）。

A．电路设计　　B．设备操作要领

C．电气电路分析　　D．常见故障及其排除方法

23．内在素养是职业素养中最基础的素养，包括个人的世界观、人生观、责任心、（　　）、知识水平等范畴。

A．工作能力　　B．职场礼仪　　C．沟通谈吐　　D．公德心

24．设集成数值比较器 7485 做为单级使用，*A* 数为 0110，*B* 数为 1000，则比较结果按顺序“$F_{A>B}$”、“$F_{A<B}$”、“$F_{A=B}$”端以（　　）数据形式呈现。

A．010　　B．001　　C．100　　D．110

25．关于家电产品装接、调试维修工安全操作规程，下列说法不正确的是（　　）。

A．工作台面、地面没必要铺绝缘橡胶

B．因静电容易造成损坏的元器件，装配时要带接地手环

C．装配和拆换印制板元器件时，应断电操作

D．操作前应先检查所使用的仪器设备、工具等是否正常

26．日本日亚化学提出用蓝光 LED 来激发黄色 YAG 荧光粉产生白光 LED。这种形式的白光 LED 的优点包括效率高、制备简单、温度稳定性较好、（　　）。

A．一致性好　　B．演色性好

C．白光源颜色容易控制　　D．显色性较好

27．LED 的使用寿命以平均失效时间来定义，对于照明用途，一般指（　　）。

A．LED 的输出光通量衰减为初始的 50%的使用时间

B．LED 的输出光通量衰减为初始的 80%的使用时间

C．LED 的输出光通量衰减为初始的 70%的使用时间

D．LED 的输出光通量衰减为初始的 75%的使用时间

28．白光 LED 烘烤，前固化是指（　　）。

A．密封树脂的固化，一般固化条件在 150℃，0.5h

B．密封树脂的固化，一般固化条件在 150℃，1h

C．密封树脂的固化，一般固化条件在 135℃，0.5h

D．密封树脂的固化，一般固化条件在 135℃，1h

29．LED 封装工艺流程荧光粉涂布后下一道工序是（　　）。

A．焊线　　B．荧光粉烘烤　　C．注胶　　D．固晶

30. 防静电特点（　　）。

A. 电压高、电流小、偶然性大　　B. 电压低、电流小、偶然性大

C. 电压高、电流大、偶然性大　　D. 电压低、电流大、偶然性大

31. 传统光源中，发光效率和显色性的关系是：显色性差的光源其发光效率（　　）。

A. 极低　　B. 高　　C. 没有影响　　D. 无法判断

32. 太阳是宽光谱光源，属于各种光频成分的混合光，于是它发出的光呈白色。白光 LED 是在蓝管的管芯上涂有红、绿光荧光粉，荧光粉在蓝光激励下发出红、绿光成分，于是合成光谱呈白色。到目前为止，还没有直接能发出（　　）的半导体材料。

A. 红光　　B. 绿光　　C. 蓝光　　D. 白光

33. FX2N 型 PLC 中 OUT 指令不能驱动的元件是（　　）。

A. S　　B. C　　C. T　　D. M8000

34. AT89C51 单片机最小系统组成包括（　　）。

A. P0 口接上拉电路　　B. 时钟电路

C. EA/VP 接地　　D. PSEN 接地

35. 固晶时至少要三面包胶，然而大功率固晶银胶量应为（　　）晶片高度。

A. 1/5～1/3　　B. 1/6～1/3　　C. 1/4～1/3　　D. 1/3～1/2

36. 金线拉力、金球推力判定、焊接质量是否合格，这三项是金线键合的（　　）分析方法。

A. 实焊质量　　B. 漏焊质量　　C. 虚焊质量　　D. 过焊质量

37. 打开光通量定标窗口，在夹具上装上标准 LED 灯，选择定标对象，确定输出电流，输入光通量（　　）值，选择光通量量程，注意光通量测量量程与定标量程必须一致。

A. 误差　　B. 相对误差　　C. 绝对误差　　D. 标准

38. 1W 大功率 LED 固晶机 PR 设置中，根据晶片大小、晶片形状、图像、晶片反光情况，设定“PR 大小、快门、亮度”和合适的“PR （　　）”。

A. 高度分数值　　B. 亮度分数值　　C. 精度分数值　　D. 准确度分数值

39. 夹具线断造成输出错误，应（　　）。

A. 换粗的线　　B. 换夹具

C. 重新接线　　D. 换光电综合测试系统

40. 每条引线框的步进数是移动一个引线框穿过（　　）所需的步进操作总数。

A. 料盒凹槽　　B. 焊接区域　　C. 进料盒　　D. 出料盒

41. 自动焊线机的步进料数设置中，对 1W 大功率 20 个杯的连体支架，因为 8 个杯为一次焊接操作，20 个杯就要分 3 次完成，焊接步进时，（　　）数目要将“1”改为“3”。

A. 物料　　B. 材料　　C. 出料　　D. 进料

42.（　　）银胶量应为 1/3～1/2 晶片高度,且至少三面包胶。

A. 小功率固晶　　B. 大功率固晶　　C. 绝缘胶　　D. 固齐纳

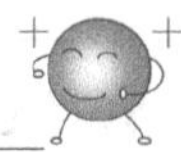

43．电流恒定情况下，随着环境温度的（　　），LED 两端输入电压值增加。

A．升高　　B．减小　　C．变化　　D．无法判断

44．三基色是指（　　）。

A．红、绿、蓝　　B．红、黄、绿　　C．绿、黄、蓝　　D．绿、红、紫

45．下列不属于吸晶“三点一线”的内容是（　　）。

A．晶片台十字光标中心点　　B．吸嘴孔中心点

C．顶针中心点　　D．点胶台中心点

46．白光 LED 扩片后，使 LED 芯片与芯片的间距拉伸到约（　　）mm。

A．0.6　　B．0.9　　C．0.3　　D．1.2

47．白光 LED 固晶烘烤时，将半成品放入烤箱内，烤箱温度设为（　　）℃，烘烤 1h。

A．150　　B．250　　C．200　　D．100

48．绿色荧光粉配合黄色荧光粉和（　　），可获得高亮度白光 LED。

A．黄色 LED 芯片　　B．蓝色 LED 芯片

C．红色 LED 芯片　　D．绿色 LED 芯片

49．红色荧光粉与（　　）及绿色荧光粉配合产生白光。

A．绿光 LED 芯片　　B．蓝光 LED 芯片

C．红光 LED 芯片　　D．黄光 LED 芯片

50．近年来，SMDLED 成为一个发展的热点，很好的解决了亮度、（　　）、平整度、可靠性、一致性等问题。

A．显色性　　B．视角　　C．色温　　D．发光效率

51．当代青年要做自觉保护环境的环保公民。下列保护环境的措施中，不正确的是（　　）。

A．少用塑料袋、保鲜膜　　B．远行时应尽量自驾车前往

C．不在露天焚烧杂物　　D．公共场所不抽烟

52．全面质量管理的含义：以质量为中心，以（　　）为基础，目的在于通过让顾客满意和本企业所有者、员工、供方、合作伙伴或社会等相关方受益而达到长期成功的一种管理途径。

A．科学系统方法　B．制定目标　　C．全员参与　　D．共同协商

53．半导体中的载流子复合分为两大类，一类是辐射型复合，一类是非辐射型复合。（　　）不属于辐射型复合。

A．激子复合　　B．直接跃迁　　C．间接跃迁　　D．器件表面的复合

54．视图分为基本视图、（　　）、局部视图和斜视图四种。

A．俯视图　　B．正视图　　C．向视图　　D．主视图

55．光在真空中的速度为 3.0×10^{8}m/s，光在媒质中的速度为 2.0×10^{8}m/s，则该煤质的折射率为（　　）。

A．1.0×10^{8}　　B．5.0×10^{8}　　C．6.0　　D．1.5

56．一个点光源的发光强度为 I，所发出的光强是各方向相同的，则光通量 F 等于（　　）。

A．（π/2）I　　B．πI　　C．$2\pi I$　　D．$4\pi I$

57．二进制数 01101010，转换成十进制数为（　　）。

A．207　　B．106　　C．105　　D．107

58．（　　）是职业素养中最基础的素养，包括个人的世界观、人生观、责任心、公德心、知识水平等范畴。

A．社会素养　　B．内在素养　　C．外在素养　　D．人格素养

59．关于面试中的肢体语言建议，下列说法不正确的是（　　）。

A．不要跷二郎腿　　B．放松你的肩膀

C．不要弯腰驼背　　D．说话尽量快，节省时间

60．一个计算机系统包括硬件和软件两大部分。硬件系统包括（　　）、控制器、存储器、输入设备和输出设备。

A．操作系统　　B．程序设计语言　C．运算器　　D．CPU

61．二进制数 01101011，转换成十进制数为（　　）。

A．207　　B．107　　C．105　　D．106

62．视图分为（　　）、向视图、局部视图和斜视图四种。

A．俯视图　　B．基本视图　　C．正视图　　D．主视图

63．关于安全用电的注意事项及操作规程，下列说法正确的是（　　）。

A．发现漏电掉闸时，应立即重新合上

B．发现电源打火、冒烟或不正常气味时，应迅速进行检修

C．用电设备和电动工具不需要接地线

D．发现用电设备、导线出现损坏时，应立即报告，由相关人员处理

64．由于 LED 寿命长，通常采取（　　）实验的方法进行可靠性检测与评估。

A．加速环境　　B．减弱环境　　C．光通量衰减　　D．电失效

65．LED 的使用寿命以（　　）来定义。

A．平均失效时间　　B．失效时间

C．平均有效时间　　D．有效时间

66．目前商品化白光 LED 产品的主要实现形式，以“蓝光 LED＋（　　）”的技术最为成熟。

A．红色荧光粉　　B．黄色荧光粉　　C．绿色荧光粉　　D．蓝色荧光粉

67．绿色荧光粉配合黄色荧光粉和蓝色 LED 芯片，可获得（　　）LED。

A．绿光　　B．白光　　C．红光　　D．高亮度白光

68．白光 LED 固晶烘烤时，将半成品放入烤箱内，烤箱温度设为 150℃，烘烤（　　）h。

A．2　　B．5　　C．1　　D．0.5

69．白光 LED 封装点胶对于（　　）衬底的蓝光、绿光 LED 芯片，采用绝缘胶来

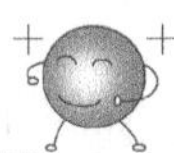

固定芯片。

A．GaAs、SiC 导电　　B．GaAs

C．蓝宝石绝缘　　D．SiC 导电

70．白光 LED 烘烤，放入 120℃的烤箱，烘烤（　　）min。

A．15～20　　B．10～15　　C．20～25　　D．5～10

71．白光 LED 扩片后，使 LED 芯片与芯片的间距拉伸到约（　　）mm。

A．0.6　　B．0.9　　C．0.3　　D．1.2

72．灌胶工艺由于胶水老化或比例不对，会产生（　　）不良。

A．胶体损伤　　B．支架变黄　　C．胶体龟裂　　D．胶体变黄

73．固晶“两点一线”是指，（　　）与固晶台十字光标重合。

A．固晶台 CCD 镜头中心点　　B．吸嘴中心孔

C．顶针原点　　D．摆臂旋转

74．照明委员会 1931 年制订了一个色度图，即用三种基色相加的比例来表示某种颜色，并可写成方程式（C）＝R（R）＋G（G）＋B（B），等式中（G）是（　　）色。

A．白　　B．绿　　C．蓝　　D．红

75．最大允许耗散功率定义为（　　）。

A．环境温度为 25℃时的平均功率　　B．环境温度为 25℃时的额定功率

C．环境温度为 30℃时的平均功率　　D．环境温度为 30℃时的额定功率

76．传统光源中，发光效率和（　　）始终是个矛盾。

A．使用寿命　　B．照度　　C．显色性　　D．辐射通量

77．在电流恒定情况下，随着环境温度的（　　），LED 两端输入电压值减小。

A．升高　　B．减小　　C．变化　　D．无法判断

78．当光源新发出的光的颜色与黑体在某一温度下辐射的颜色接近时，黑体温度就称为该光源的（　　）。

A．色温　　B．相关色温　　C．温度　　D．色度

79．FX2N 型 PLC 中 T246 定时器为（　　）积算定时器。

A．1s　　B．100ms　　C．1ms　　D．10ms

80．FX2N 型 PLC 中 OUT 指令不能驱动的元件是（　　）。

A．Y　　B．T　　C．M　　D．X

81．当 X000＝OFF，X001＝ON，X002＝OFF，X003＝ON，执行指令 DECO　X000　M0　K3 后，置 1 的元件为（　　）。

A．M2　　B．M0　　C．M4　　D．M10

82．固晶设备调试与设定的内容有：取晶 PR 学习、取晶路径设定、固晶 PR 学习、固晶路径、吸晶位、固晶位、顶针及光学系统的设定、（　　）。

A．导轨参数设置　　B．照明设置

C．传感器设置　　D．摆臂上下参数设置

83．芯片键合设备键合工艺条件设置主要是：温度、（　　）、功率、键合时间。

A．键合速度　　B．照明设置　　C．键合机台压力　D．键合效率

84．每条引线框的步进数是移动一个引线框穿过（　　）所需的步进操作总数。

A．料盒凹槽　　B．焊接区域　　C．进料盒　　D．出料盒

85．大功率固晶时，银胶量为 1/4～1/3 晶片高度，且至少需要（　　）面包胶。

A．四　　B．三　　C．二　　D．一

86．固晶后（　　）与支架不垂直，左右倾斜不能超过 30°（　　）。

A．芯片　　B．支架　　C．晶片　　D．散热片

87．键合第一焊点金球不能有（　　）以上在芯片电极之外，不能触及 P 型层与 N 型层分界线。

A．1/5　　B．1/4　　C．1/3　　D．1/2

88．自动焊线机器的步进料数设置中，对 1W 大功率 20 个杯的连体支架，压板为（　　）个对应孔位。

A．7　　B．8　　C．9　　D．10

89．1W 大功率 LED 固晶机 PR 设置中，移动晶片台让十字光标中心对准一颗晶片，点击“PR 学习”，根据片（　　）调整取晶镜筒放大倍率与镜头座高度，使屏幕出现的晶片图像。

A．类型　　B．宽度　　C．长度　　D．大小

90．对 1W LED 示教芯片参考系统时的杯的选择中，操作区域选择右上角（　　）个杯，操作点选 1W 芯片对角两个电极中心点。

A．第一　　B．第二　　C．第三　　D．第四

91．光电综合系统做颜色测试时出现杂波、齿形波，有时测不出数据时，下列哪步不是工作步（　　）。

A．被测光源是否正常点亮　　B．光纤是否损坏

C．更换光谱仪　　D．更换芯片种类

92．重做固晶 PR，提高 PR 精度，也是为了避免（　　）。

A．在不合格的固晶点上焊接　　B．在合格的固晶点上焊接

C．焊接时上的完整性　　D．固晶点焊接的合格率

93．自动焊线机焊接参数的检查不包括（　　）。

A．超声波校准

B．电源 时间 焊球大小 温度设定

C．传感器的固定螺旋转柜

D．焊针夹钳螺钉转柜

94．职业道德基本规范不包括（　　）。

A．爱岗敬业　　B．服务群众　　C．乐于助人　　D．奉献社会

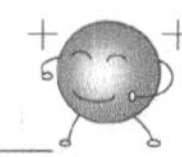

95．串联负反馈增大放大电路的（　　）。

A．输出电压　　B．偏置电阻　　C．输出阻抗　　D．输入阻抗

96．复合管的电流放大倍数约等于 4000，一个管子的电流放大倍数为 50，则另一个管子的电流放大倍数约为（　　）。

A．800　　B．80　　C．3950　　D．4050

97．二进制数 0001 0011，转换成十进制数为（　　）。

A．17　　B．18　　C．19　　D．20

98．半导体中的载流子复合分为两大类，一类是辐射型复合，一类是非辐射型复合。（　　）不属于辐射型复合。

A．电子和空穴由于碰撞而复合　　B．称为“俄歇进程”的复合

C．通过杂质能级的复合　　D．激子复合

99．带传动中，（　　）是指主动带轮转速与从动带轮转速之比。

A．传输比　　B．转动比　　C．传动比　　D．转速比

100．关于安全用电的注意事项及操作规程，下列说法正确的是（　　）。

A．发现漏电掉闸时，应立即重新合上

B．发现电源打火、冒烟或不正常气味时，应迅速进行检修

C．用电设备和电动工具不需要接地线

D．发现用电设备、导线出现损坏时，应立即报告，由相关人员处理

101．三芯片白光 LED 的一般结构是在一个管壳内同时封装红色芯片、（　　）和（　　）。

A．黄芯片　　B．绿芯片　　C．蓝芯片　　D．紫外芯片

102．由于 LED 寿命长，通常采取（　　）。

A．加速环境实验的方法进行可靠性检测与评估

B．光通量衰减实验的方法进行可靠性检测与评估

C．减弱环境实验的方法进行可靠性检测与评估

D．电失效实验的方法进行可靠性检测与评估

103．“蓝光 LED+黄色荧光粉”，可以发出（　　）。

A．蓝光　　B．红光　　C．白光　　D．绿光

104．LED 封装四大制造工艺包括固晶工艺、焊线工艺、（　　）和测试工艺。

A．扩片工艺　　B．贴片工艺　　C．灌胶工艺　　D．点胶工艺

105．白光 LED 扩片后，使 LED 芯片与芯片的间距拉伸到约（　　）mm。

A．0.9　　B．0.6　　C．0.4　　D．0.2

106．焊线工艺要求，焊球的大小为（　　）倍线径。

A．1　　B．2　　C．3　　D．4

107．光通量是指（　　）。

A．辐射光功率能够被人眼视觉系统所感受到的那部分能量

B．在指定方向上的立体角所发出的能量

C．光谱上的能量

D．光通过的能量

108．照明委员会 1931 年制订了一个色度图，即用三种基色相加的比例来表示某种颜色，并可写成方程式（C）$=R$（R）$+G$（G）$+B$（B），等式中（R）是（　　）色。

A．白　　B．绿　　C．红　　D．蓝

109．在电流恒定情况下，随着环境温度的（　　），LED 两端输入电压值增加。

A．升高　　B．减小　　C．变化　　D．无法判断

110．分布光度计测量总光通量又包括（　　）和光强积分法。

A．积分球系统　　B．照度分布积分法

C．分布积分法　　D．光谱辐射计

111．三基色理论认为，人眼的视网膜是由（　　）种不同感色物质镶嵌而成。每种感色物质的影响分别对应于蓝光、绿光和红光的特定波长。

A．六　　B．四　　C．五　　D．三

112．有关步进顺控指令使用错误的是（　　）。

A．S0～S899 只有使用 SET 指令后才具有步进顺控功能

B．状态继电器可以不按顺序使用

C．步进接点后不能使用主控 MC/MCR 指令

D．状态程序的结尾可以使用 RET 指令，也可以不使用

113．PDCA 循环中的 A 是指（　　）。

A．策划　　B．实施　　C．检查　　D．处置

114．下列哪个不是 ISO 质量管理的原则（　　）。

A．以顾客为关注焦点　　B．管理的系统方法

C．主观想法　　D．过程方法

115．固晶选择吸嘴时，下列说法错误的是（　　）。

A．＞12 mil 的晶片：依晶片大小 1/2 的原则来选用吸嘴

B．吸嘴按材质分为垫木和钨钢两种，根据不同大小的晶片要匹配相应的吸嘴

C．对于＜8mil 的晶片：应用 4 mil 吸嘴

D．8～12mil 的晶片：用 6 mil 吸嘴

116．固晶片压伤原因有（　　）、固晶力度太大、CCD 中心点，吸嘴中心点和顶针中心点校准不正确。

A．固晶上下高度不合适　　B．功率太大

C．料盒参数　　D．照明不合适

117．焊线机焊 USG 参数设置中，就焊接效果来说，USG 电流值对于 1W LED 设

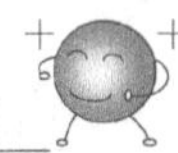

置可以最大调制（　　）mA。

A．130　　B．120　　C．110　　D．100

118．焊线机焊成球时的焊接时间值设置为（　　）ms。

A．9～15　　B．8～14　　C．7～13　　D．6～12

119．自动焊线机器的步进料数设置中，对1W大功率20个杯的连体支架，压板为（　　）个对应孔位。

A．7　　B．8　　C．9　　D．10

120．设备异常处理流程应明确（　　）与时间要求、责任人与应用表单、异常处理流程图。

A．工作地点　　B．处理目的

C．作业人员详细资料　　D．异常处理作业内容

121．光电综合测试的时候，材料光强过高，超过量程，应（　　）。

A．加盖透镜　　B．加装衰减片　　C．减小电流　　D．减小电流

122．就业信息的来源是多样的，下列各项中，（　　）不属于目前安全常见的就业信息渠道。

A．校内专场招聘会　　B．人才中心现场招聘会

C．路边广告　　D．实习及社会实践活动

123．所谓职业形象，是在职场中公众面前树立的形象，主要包括仪容、仪表、仪态三个方面。仪容仪表不包括（　　）。

A．发型　　B．面部　　C．口部　　D．坐姿

124．下列各项中，（　　）属于退出应用程序的常用方法。

A．如果应用程序有“文件”菜单，则选择“文件”→“关闭”命令

B．单击应用程序窗口左上角的“关闭”按钮

C．按Alt＋F3

D．按Alt＋F2

125．复合管的电流放大倍数约等于两个管子的电流放大倍数的（　　）。

A．乘积　　B．均方根　　C．之和　　D．之差

126．在真空中，光速是一常数为3.0×10^8m/s，若波长为1km，则频率为（　　）。

A．3.0×10^5kHz　　B．3.0×10^{11} Hz　　C．3.0×10^5 Hz　　D．3.0×10^8 Hz

127．激发是一个能量转移过程。若已知辐射的光子所具有的能量为E，则激发发光波长为（　　）。

A．h/Ec　　B．E/hc　　C．hc/E　　D．Eh/c

128．对于晶体的分析研究表明，晶胞的6个参数，可以将晶体分为7个晶系：立方晶系、（　　）、正交晶系、三角晶系、六角晶系、单斜晶系和三斜晶系。

A．四斜晶系　　B．四方晶系　　C．六方晶系　　D．菱形晶系

129. 由热平衡状态时 PN 结的能带图可知，导带下端能量和满带顶能量之和的（　　）等于带隙中心能量。

A. 2 倍　　B. 倒数　　C. 1/2　　D. 1/3

130. 带传动中，主动带轮转速为 600 r/min，从动带轮转速为 200 r/min，传动比是（　　）。

A. 12　　B. 4　　C. 3　　D. 1/3

131. 关于家电产品装接、调试维修工安全操作规程，下列说法不正确的是（　　）。

A. 因静电容易造成损坏的元器件，装配时要带接地手环

B. 工作台面、地面没必要铺绝缘橡胶

C. 操作前应先检查所使用的仪器设备、工具等是否正常

D. 装配和拆换印制板元器件时，应断电操作

132. 劳动防护用品分九大类：头部、眼睛、耳部、（　　）、呼吸道、手部、足部、体部防护用品和其他辅助用品。

A. 胸部　　B. 心脏　　C. 肺部　　D. 面部

133. 白光 LAMP LED 的两种固晶方法分别是（　　）固定和绝缘胶固定。

A. 导电银胶　　B. 硅胶　　C. 环氧树脂　　D. 导电胶

134. 三芯片白光 LED 的一般结构是在一个管壳内同时封装红色芯片、绿色芯片和（　　）。如果一个绿芯片发出的光功率不能满足混色比的要求时，还可以采用两个绿芯片和一个红芯片、一个蓝芯片封装在一个管壳内。

A. 黄芯片　　B. 蓝芯片　　C. 绿芯片　　D. 紫外芯片

135. 由于 LED 寿命长，通常采取（　　）。

A. 减弱环境实验的方法进行可靠性检测与评估

B. 光通量衰减实验的方法进行可靠性检测与评估

C. 加速环境实验的方法进行可靠性检测与评估

D. 电失效实验的方法进行可靠性检测与评估

136. 点胶时，将胶体点在支架杯体里，必须要点在杯体的（　　），并且胶量要适当。

A. 顶端　　B. 底端　　C. 正中间　　D. 侧面

137. LED 的（　　）以平均失效时间来定义。

A. 光通量　　B. 光失效　　C. 电失效　　D. 使用寿命

138. 按芯片电极来分有（　　）和双极芯片

A. 一元芯片　　B. 单极芯片　　C. 三元芯片　　D. 多极芯片

139. 白光 LED 封装点胶对于（　　）衬底的蓝光、绿光 LED 芯片，采用绝缘胶来固定芯片。

A. GaAs、SiC 导电　　B. GaAs

C. 蓝宝石绝缘　　D. SiC 导电

140．白光 LED LAMP LED 的封装采用灌封的形式，灌装的过程是（　　）。

A．在 LED 成型模腔内注入银胶　　B．在 LED 成型模腔内注入树脂胶

C．在 LED 成型模腔内注入液态氧　　D．在 LED 成型模腔内注入液态环氧

141．下列哪条不属于支架进行可靠性检测的要求（　　）。

A．高温烘烤不出现气泡、变色、镀层脱落等不良

B．侵锡实验上锡面应达到 95%

C．将支架存储有较高要求

D．进行焊线拉力测试

142．目前商品化白光 LED 产品的主要实现形式，以“（　　）＋黄色荧光粉”的技术最为成熟。

A．蓝光 LED　　B．黄光 LED　　C．红光 LED　　D．紫光 LED

143．固晶“两点一线”是指，吸嘴中心孔与（　　）重合。

A．固晶台 CCD 镜头中心点　　B．点胶台中心孔

C．固晶台十字光标　　D．摆臂旋转

144．在高端 LED 封装领域，焊线时选用的是（　　）。

A．银线　　B．金线　　C．银合金线　　D．铜线

145．白光 LED 烘烤，后固化对于提高树脂与支架的粘接强度非常重要。一般条件为 120℃，（　　）h。

A．1.5　　B．3　　C．4　　D．2

146．白光 LED 烘烤，放入（　　）。

A．150℃的烤箱，烘烤 15～20min　　B．150℃的烤箱，烘烤 20～25min

C．120℃的烤箱，烘烤 20～25min　　D．120℃的烤箱，烘烤 15～20min

147．灌胶工艺由于氧化、烘烤温度过高或时间过长，会产生（　　）不良。

A．胶体龟裂　　B．支架变黄　　C．胶体损伤　　D．胶体变黄

148．（　　）的单位是 lm。

A．热阻　　B．光通量　　C．发光强度　　D．光功率效率

149．静电伤害 LED 是因为（　　）。

A．在 LED 上加过低的正向电压而造成 PN 结断开

B．在 LED 上加过低的正向电压而造成 PN 结击穿

C．在 LED 上加过高的反向电压而造成 PN 结击穿

D．在 LED 上加过高的正向电压而造成 PN 结断开

150．固晶工艺，将晶片固定在已点好银胶的支架上。固晶的位置不能偏离中心位（　　）。

A．1/2　　B．1/3　　C．3/4　　D．1/5

151．LED 封装工艺流程荧光粉涂布前一道工序是（　　）。

A．固晶　　B．荧光粉烘烤　　C．注胶　　D．焊线

152．照明用 LED 产品特征参数，光学参数的（　　）是指人眼视觉所感觉的波长。

A．色纯度　　B．峰值波长　　C．主波长　　D．半波宽

153．光电综合测试基本曲线部分可进行：电流-电压、电流-光强、（　　）的测试。

A．电流-照度　　B．电流-光强　　C．电流-光通量　　D．电压-光强

154．固晶设备调试与设定的内容有：取晶 PR 学习、取晶路径设定、固晶 PR 学习、固晶路径、吸晶位、固晶位、（　　）、摆臂上下参数设置。

A．顶针及光学系统的设定　　B．传感器设置

C．光学焦距　　D．导轨驱动设置

155．小功率芯片驱动电流一般为（　　）。

A．20mA　　B．20μA　　C．200μA　　D．200mA

156．K&S 自动焊线机（1W 大功率 LED）编程的内容有加热块示教、（　　）、示教芯片参考系统学习、示教引线参考系统、示教焊线、焊接参数编辑、示教矩阵。

A．瓷嘴调整　　B．示教焊接位置　　C．EFO 校准　　D．USG 校准

157．插槽斜度是两个相邻料盒槽中心到中心的距离。该参数决定在每一次步进期间料盒升降机将（　　）的最小距离。

A．垂直移动　　B．向后运动　　C．水平移动　　D．向前运动

158．半导体发光二级管属于温度敏感器件，在温度小于 30℃时，正向电流几乎不随温度变化，一旦温度超过 30℃，则正向电流随着温度的升高而（　　），发光强度和发光效率都将随温度的升高而降低。

A．升高　　B．不变　　C．降低　　D．无法判断

159．发光效率的单位是（　　）。

A．cd　　B．lm　　C．lux　　D．lm/W

160．打开光通量定标窗口，在夹具上装上标准 LED 灯，选择定标对象，确定输出电流，输入光通量标准值，选择光通量量程，注意（　　）量程与定标量程必须一致。

A．光通量测量　　B．输入光通量　　C．输出电流量　　D．输入电流量

161．焊线机焊成球时，USG 电流值一般设置为（　　）mA。

A．110～130　　B．130～150　　C．140～160　　D．150～170

162．点荧光粉胶机编程是根据产品点胶图形，编制程序。程序编好后应设置点胶速度、Z 轴提高高度相对值、（　　）。

A．胶厚度　　B．电动机转速　　C．点胶时间参数　　D．电压值

163．固晶片压伤原因有（　　）、固晶力度太大，CCD 中心点、吸嘴中心点和顶针中心点校准不正确。

A．固晶上下高度不合适　　B．功率太大

C．料盒参数　　D．照明不合适

164．下列（　　）不是设备的三大规程内容。

A．《设备功能规程》　　B．《设备操作规程》

178．PLC 的输出有继电器输出、晶闸管输出和（　　）输出三种形式。

A．电阻　　B．变压器　　C．晶体管　　D．电容

179．FX2N 型 PLC 中下列（　　）定时器为 1ms 积算定时器。

A．T100　　B．T200　　C．T150　　D．T246

180．MCS-51 的中断源最优先处理是（　　）。

A．外部中断 0　　B．外部中断 1　　C．定时器中断 0　　D．定时器中断 1

181．传感器通常由（　　）和转换元件组成。

A．传感元件　　B．电阻元件　　C．敏感元件　　D．压力元件

182．如果光源的色度位于完全辐射体的色度轨迹上，即使它们之间的光谱功率分布有所不同，我们也说它和该特定的完全辐射体有相同的（　　）。

A．温度　　B．相关色温　　C．色温　　D．色度

183．落在单位面积上辐射通量的数值，称为辐射照度。辐射照度的单位是（　　）。

A．W　　B．J　　C．W/m^2　　D．W/sr

184．下列不属于吸晶"三点一线"的内容是（　　）。

A．晶片台十字光标中心点　　B．吸嘴孔中心点

C．顶针中心点　　D．点胶台中心点

185．关于金线与银合金现比较，下列说法正确的是（　　）。

A．金线的电阻率高于银合金线，金线的熔断电流高于银合金线

B．金线的电阻率低于银合金线，金线的熔断电流高于银合金线

C．金线的电阻率高于银合金线，金线的熔断电流低于银合金线

D．金线的电阻率低于银合金线，金线的熔断电流低于银合金线

186．LED 封装中进行完光电测试后的下一道工序是（　　）。

A．注胶　　B．点胶　　C．分光分色　　D．烘烤

187．系统复位后，点胶上下参数设置时，（　　）是指点胶头预备点胶和沾胶的高度。

A．点胶位　　B．预备位　　C．点胶位　　D．待点胶位

188．LED 的 PN 结温度对 LED 的使用寿命、输出光强、（　　）（颜色）等因素都有很大的影响，在超高亮度和功率型 LED 器件及数组组件中，不合理的结构设计将导致 PN 结的温度升高，严重影响 LED 的性能、使用寿命和可靠性。

A．主波长　　B．照度　　C．辐射通量　　D．能量

189．白光 LED 固晶烘烤时，将半成品放入烤箱内，烤箱温度设为（　　），烘烤 1h

A．250℃　　B．150℃　　C．350℃　　D．300℃

190．白光 LED 封装点胶对于（　　）衬底，具有背面电极的红光、黄光、黄绿芯片，采用银胶。

A．红宝石绝缘　　B．绿宝石绝缘　　C．蓝宝石绝缘　　D．GaAs、SiC 导电

203．所谓职业形象，是在职场中公众面前树立的形象，主要包括仪容、仪表、仪态三个方面。仪容仪表不包括（　　）。

A．发型　　B．面部　　C．口部　　D．坐姿

204．一个计算机系统包括硬件和软件两大部分。硬件系统包括（　　）、控制器、存储器、输入设备和输出设备。

A．操作系统　　B．程序设计语言　C．运算器　　D．CPU

205．设备投入运行前，应编制《设备操作规程》、（　　）。

A．《设备说明规程》　　B．《设备操作指南》

C．《设备管理规程》　　D．《设备维护保养规程》

206．生产设备异常出现时，班组长/线长不能处理或异常会导致停产，时间超过（　　）时，应立即上报，或开出《生产异常报告单》进行处理。

A．60min　　B．考核规定　　C．120min　　D．线速规定

207．点荧光粉胶机编程是根据产品点胶图形，编制程序。程序编好后应设置点胶速度、Z 轴提高高度相对值、（　　）。

A．胶厚度　　B．电动机转速　　C．点胶时间参数　D．电压值

208．固晶吸嘴按材质分为垫木和钨钢两种，根据不同大小的（　　）要匹配相应的吸嘴。

A．金线　　B．导轨　　C．压力　　D．晶片

209．措施结果验证结果符合生产及（　　）相关要求，可以在恢复生产后由品质部和生产部对异常进行跟进确认。

A．品质　　B．外观　　C．尺寸　　D．颜色

210．每条引线框的步进数是移动一个引线框穿过（　　）所需的步进操作总数。

A．料盒凹槽　　B．焊接区域　　C．进料盒　　D．出料盒

211．金线键合时，虚焊质量应注重金线的（　　），金球的（　　）判定。

A．拉力；推力　B．张力；推力　C．水平力；拉力　D．推力；垂直力

212．轴、图像、调试、设备、综合系统参数设置这些均为固晶机的（　　）。

A．功能参数设置　　B．界面参数设置

C．系统参数设置　　D．调试参数设置

213．BIN 轨道设置、正向电压、光通量、主波长、峰值波长、色温的分选参数这些均为（　　）系统参数设置。

A．光电综合测试　B．分光分色机　　C．焊线机　　D．固晶机

214．按物理量来进行分类，不是传感器的是（　　）。

A．电阻　　B．位移　　C．速度　　D．压力

215．光电综合测试基本曲线部分可进行：（　　）、电流-光强、电流-光通量的测试。

A．电流-电压　　B．电流-光强　　C．电流-光通量　D．电压-光强

216．半导体发光二级管属于温度敏感器件，在温度小于 30℃时，正向电流几乎不

D．金线被划伤

230．白光 LED LAMP LED 的封装采用灌封的形式，灌装的过程是（　　）。

A．先在 LED 成型模腔内注入银胶

B．先在 LED 成型模腔内注入树脂胶

C．先在 LED 成型模腔内注入液态氧

D．先在 LED 成型模腔内注入液态环氧

231．白光 LED 烘烤，（　　）是指密封树脂的固化，一般固化条件在 135℃，1h。

A．后固化　　B．中固化　　C．前固化　　D．中后固化

232．LED 封装四大制造工艺包括（　　）、焊线工艺、灌胶工艺和测试工艺。

A．固晶工艺　　B．扩片工艺　　C．贴片工艺　　D．点胶工艺

233．点胶时，胶量根据芯片的面积的大小来规定，其标准为芯片面积的（　　）。

A．1/3　　B．2/3　　C．1/4　　D．3/5

234．按芯片电极来分有（　　）和双极芯片

A．一元芯片　　B．单极芯片　　C．三元芯片　　D．多极芯片

235．三芯片白光 LED 的一般结构是在一个管壳内同时封装红色芯片、绿色芯片和蓝色芯片。如果一个绿芯片发出的光功率不能满足混色比的要求时，还可以采用两个绿芯片和一个红芯片、一个（　　）封装在一个管壳内。

A．黄芯片　　B．蓝芯片　　C．绿芯片　　D．紫外芯片

236．白光 LAMP LED 的固晶方法有（　　）种，其中一种是导电银胶固定。

A．3　　B．2　　C．4　　D．5

237．下列内容中，不属于“打印”命令对话框里设置的有（　　）。

A．打印到文件　　B．页边距　　C．手动双面打印　　D．页面范围

238．为了增大放大电路的输入阻抗，应引入（　　）负反馈。

A．电压　　B．电流　　C．串联　　D．并联

239．在真空中，光速等于波长与频率的（　　）。

A．乘积　　B．均方根　　C．之和　　D．之差

240．一个点光源的发光强度为 5cd，所发出的光强是各方向相同的，则光通量 F 等于（　　）。

A．20π　　B．10π　　C．5π　　D．2.5π

二、判断题

1．劳动合同中必须规定劳动者的培训时间。（　　）

2．P 型半导体中的电子和 N 型半导体中的空穴称为多数载流子。（　　）

3．红色荧光粉与绿色 LED 芯片及绿色荧光粉配合产生白光。（　　）

4．显色性好的光源其发光效率高。（　　）

5．持续改进是 ISO 质量管理的原则之一。（　　）

30．光在真空中的速度和在媒质中的速度的比值就称为该煤质的折射率。（　　）

31．视图分为正视图、俯视图和斜视图三种。（　　）

32．LED 封装工艺流程固晶后下一道工序是涂荧光粉。（　　）

33．固晶设备调试的固晶“两点一线”是指吸嘴中心孔与吸晶台十字光标重合。（　　）

34．焊针（瓷嘴）更换后的校准内容不含十字准线偏移量校准、焊接高度校准。（　　）

35．导电银胶固定晶片的方法不可应用于 LAMP LED 固晶。（　　）

36．SMD LED 一般都是自动封装，其特点是封装一致性好、成品率高。（　　）

37．焊 USG 参数设置中，一开始 1W LED 电流值应设置为 130mA。（　　）

38．设备、工具的各种插头为方便下次使用，可以不拔掉。（　　）

39. 固晶吸嘴按材质分为垫木和钨钢两种，根据不同大小的晶片要匹配相应的吸嘴。（　　）

40．金线键合的漏焊质量分析方法，有金线拉力、金线推力判定和焊接质量方法。（　　）

41．在面试中，当别人发表意见时，也要及时发表自己的意见。（　　）

42．复合管的电流放大倍数大于两个管子的电流放大倍数的乘积。（　　）

43．常用点胶头 15°、30°，根据不同的胶水用不同的点胶头。（　　）

44．计算机硬件系统包括运算器、控制器、存储器、键盘和打印机。（　　）

45．为了增大放大电路的输入电阻，应引入电压负反馈。（　　）

46. 半导体中的载流子复合分为两大类，一类是辐射型复合，一类是非辐射型复合。电子和空穴由于碰撞而复合属于辐射型复合。（　　）

47．大功率芯片驱动电流一般为 150mA、350mA。（　　）

48．LED 的 PN 结温度变化对 LED 的使用寿命、输出光强、主波长（颜色）等影响很大。（　　）

49．夹具线断造成输出错误时，应该更换夹具。（　　）

50．金线键合的漏焊质量分析方法，有金线拉力、金线推力判定和焊接质量方法。（　　）

51．LED 封装工艺流程固晶后下一道工序是固晶烘烤。（　　）

52．最大允许耗散功率一般定为环境温度为 25℃时的额定功率。到环境温度升高时，LED 的最大耗散功率会上升。（　　）

53．报纸、期刊广告是一种安全常见的就业信息渠道。（　　）

54．良好的职业道德是个人职业成功的前提。（　　）

55．吸嘴按材质分为垫木和铝两种，根据不同大小的晶片要匹配相应的吸嘴。（　　）

56．全面质量管理的含义：以质量为中心，以全员参与为基础，目的在于通过让顾

190. D 191. C 192. D 193. A 194. B 195. C 196. A 197. C 198. C
199. A 200. B 201. A 202. C 203. D 204. C 205. D 206. B 207. C
208. D 209. A 210. B 211. A 212. C 213. B 214. A 215. A 216. A
217. B 218. D 219. C 220. D 221. C 222. B 223. A 224. B 225. D
226. A 227. C 228. D 229. B 230. D 231. C 232. A 233. B 234. B
235. B 236. B 237. B 238. C 239. A 240. A

二、判断题

1. × 2. × 3. × 4. × 5. √ 6. √ 7. √ 8. × 9. ×
10. √ 11. × 12. √ 13. × 14. × 15. × 16. × 17. √ 18. √
19. × 20. √ 21. √ 22. √ 23. √ 24. √ 25. √ 26. √ 27. √
28. × 29. √ 30. √ 31. × 32. × 33. × 34. × 35. × 36. √
37. × 38. × 39. √ 40. × 41. × 42. × 43. √ 44. × 45. ×
46. √ 47. √ 48. √ 49. × 50. × 51. √ 52. × 53. √ 54. √
55. × 56. √ 57. √ 58. × 59. √ 60. ×

第二节 技能样题

一、考生准备通知单

考生，请仔细阅读以下内容并按时参加技能鉴定考试。

1. 技能考试工种：LED封装工（高级）。
2. 考试时间：150min。
3. 考试地点：LED封装实训工厂。
4. 考试时准备内容：

（1）随身携带身份证原件。

（2）随身携带准考证原件。

（3）随身携带常用文具用品：草稿纸（A4或B5）、黑色签字笔。

二、考前准备通知

（一）工具、材料和设备的准备

准备仅针对1名考生而言，鉴定所（站）应根据考生人数确定具体数量。

1. 固晶机设备 1台。
2. LED自动焊线机 1台。
3. LED点胶机 1台。

（二）考场准备

（1）考场面积为 100m^2，设有 20 个考位，每个考位有 1 个工作台，每个工作台的右上角贴有考号。考场采光良好，不足部分采用照明补充，保证工作面的照度不小于 100lux。

（2）考场应干净整洁，空气新鲜，无环境干扰。

（3）考场内应设有空调并装有漏电保护器。

（4）考前由考务管理人员检查考场各考位应准备的器材、工具是否齐全，所贴考号是否有遗漏。

（三）人员准备要求

（1）监考人员与考生比例为 1∶10。

（2）考评员与考生比例为 1∶5。

（3）医务人员 1 名。

（四）其他

本试卷总的考试时间为 150min（不包括准备时间）。

三、考试样题

（一）操作样题

注 意 事 项

1．考试时间：105min。

2．本试卷依据《封装工（LED）职业标准》命制。

3．请首先按要求在试卷的标封处填写您的姓名、准考证号和所在单位的名称。

4．请仔细阅读各种题目的回答要求，在规定的位置填写答案。

5．不要在试卷上乱写乱画，不要在标封区填写无关的内容。

6．题一～题四，为四选一题，按照抽签，选做一题。题五为必做题。

【题一】 固晶机设备调试与操作。请利用大功率自动固晶机进行 1W（45mil）芯片和 20 连体支架进行固晶机固晶、取晶 PR（图像识别）设置，进行固晶路径、取晶路径、固晶三点一线、取晶三点一线、固晶高度、取晶高度、顶针高度、点胶高度设置，并最后进行试做检验。

考核要求：

1．正确选择材料与防静电措施。

2．固晶后布置合理、符合固晶工艺要求。

3．材料没有刮伤。

【题五】（维护保养操作题）请按照前面选择的封装设备（固晶机、焊线机、点胶机、分光分色机器之一），利用所给的防尘布、机油，进行常规要求的机台清洁与机械传动部分、空气压缩回路的维护保养操作（技能操作必做题 10 分，时间 45min）。

（二）技能考核样题

注 意 事 项

1．考试时间：45min。

2．本试卷依据《封装工（LED）职业标准》命制。

3．请首先按要求在试卷的标封处填写您的姓名、准考证号和所在单位的名称。

4．请仔细阅读各种题目的回答要求，在规定的位置填写您的答案。

5．不要在试卷上乱写乱画，不要在标封区填写无关的内容。

6．每题 10 分，共 30 分；考核时间 45min。

题一：（设备维护保养）请详细叙述自动固晶机器的清洁内容与目的。

题二：（故障分析）引起固晶机取晶 PR 失败的原因有哪些？应如何进行检修？

题三：（培训与质量管理）请指出 LED 自动焊线工位，焊线工艺质量管理的项目主要有哪些（回答应不少于 6 种）。

四、考核评分标准

（一）操作样题

题一～题四（四选一）LED 封装设备调试与操作题，选______题。

序号	主要内容	考核要求	评分标准	配分	扣分	得分
1	正确选择材料与夹具	材料与夹具匹配	材料不正确扣 3 分；夹具不正确扣 3 分；材料与夹具不匹配扣 5 分，扣完 15 分为止	15		
2	ESD 防护	穿戴防静电工服鞋帽等	每遗漏一项扣 5 分，扣完 10 分为止	10		
3	设备调试与操作	正确调试、操作无违规操作	违规操作的扣 10 分/次，每错漏一步扣 5 分，扣完 25 分为止	25		
4	设备试做效果验证	正确无误	设备在做验证时，程序符合要求，半成品符合工艺，每不符合项扣 5 分，扣完 10 分为止	10		
备注			合计	60		
			考评员签字：	年　月　日		

参 考 文 献

陈振源．2011．LED 应用技术．北京：电子出版社．
方志烈．2009．半导体照明技术．北京：电子出版社．
沙占友．2010．LED 照明驱动电源优化设计．北京：中国电力出版社．
沈洁．2012．LED 封装技术与应用．北京：化学工业出版社．